水利水电工程运行与管理

吴开胜 黄佳锐 李 炳 ◎著

中国商业出版社

图书在版编目（CIP）数据

水利水电工程运行与管理 / 吴开胜，黄佳锐，李炳著. -- 北京 : 中国商业出版社，2025. 6. -- ISBN 978-7-5208-3483-4

Ⅰ. TV

中国国家版本馆 CIP 数据核字第 20253FC146号

责任编辑：袁　娜

中国商业出版社出版发行

（www.zgsycb.com　100053　北京广安门内报国寺 1 号）

总编室：010-63180647　编辑室：010-83128926

发行部：010-83120835/8286

新华书店经销

廊坊市旭日源印务有限公司印刷

*

787 毫米 ×1092 毫米　16 开　9.75 印张　152 千字

2025 年 6 月第 1 版　2025 年 6 月第 1 次印刷

定价：55.00 元

* * * *

（如有印装质量问题可更换）

前　言

水利水电工程作为国家基础设施建设的重要组成部分，在经济发展、能源供应、防洪减灾以及生态环境保护等方面发挥着不可替代的关键作用。随着全球人口增长、经济发展以及对清洁能源需求的持续攀升，水利水电工程的高效、安全运行与科学管理显得尤为重要。本书正是在这样的大背景下应运而生，旨在为水利水电工程领域的从业者、学习者以及关注该领域发展的人士提供全面且实用的运行与管理知识体系。

本书涵盖了水利水电工程多个核心组成部分的运行与管理要点，深入探讨了水库工程运行与管理。水库作为水利水电工程的关键蓄水设施，其运行状态直接关系到工程整体效益的发挥。对水库工程从日常巡查、水位调控到大坝安全监测等开展全方位的阐述，为保障水库安全稳定运行奠定基础。聚焦变压器的运行与管理，变压器在水利水电工程的电力传输与分配环节中起着核心作用，对其运行状态监测、维护保养以及故障诊断等方面的研究，有助于确保电力供应的稳定性与可靠性。与此同时，本书还针对灌区灌溉渠道与排水系统运行与管理进行论述，灌区作为水利工程服务农业生产的重要领域，灌溉渠道与排水系统的良好运行是实现农业高效用水、保障农作物生长的关键。

本书为水利水电工程运行管理提供了系统的理论指导，有助于提升管理效率，降低运行风险，延长工程使用寿命；有助于推动水利水电工程运行管理的规范化与科学化进程，促进该领域技术与管理水平的不断提升。希望本书能够成为水利水电工程领域人士的得力助手，为推动我国水利水电事业的蓬勃发展贡献一份力量。

目　录

第一章 水库工程运行与管理…………1

第一节 水库工程安全监测…………1

第二节 水库工程的调度运用…………11

第三节 水库工程的库区管理…………14

第二章 变压器的运行与管理…………17

第一节 概述…………17

第二节 新变压器投运前的检查和试验…………24

第三节 变压器的投运和退出…………25

第四节 变压器运行中的巡视和检查…………27

第五节 变压器的故障和事故处理…………29

第三章 电气设备的运行与管理…………34

第一节 电气设备投运前的检查和试验…………34

第二节 电气设备运行中的巡视和检查…………42

第三节 直流系统及设备的巡视和检查…………49

第四节 防雷和接地系统的巡视和检查…………53

第五节 电气设备故障和事故处理…………58

第四章 灌区灌溉渠道运行与管理…………64

第一节 灌溉渠道的运行管理…………64

第二节 灌溉渠道整修养护…………68

第三节 渠道沉陷、滑坡、裂缝的处理…………72

第四节 渠系建筑物的管理运用…………77

第五节 渠系重要建筑物的观测…………87

第五章 灌区排水系统运行与管理……90
第一节 排水系统管理的一般要求……90
第二节 排水系统工程的变形与毁坏……90
第三节 排水系统的养护……92
第六章 水利工程维修养护管理……97
第一节 土石坝的养护与修理……97
第二节 混凝土坝及浆砌石坝的养护修理……119
第三节 溢洪道的养护修理……135
第四节 输水隧（涵）洞的养护修理……139
参考文献……147

第一章 水库工程运行与管理

第一节 水库工程安全监测

一、水库工程巡视检查

（一）一般规定

巡视检查分为日常巡视检查、年度巡视检查和特别巡视检查三类。从施工期开始至运行期均应进行巡视检查。

1. 日常巡视检查

管理单位应根据水库工程的具体情况和特点，具体规定检查的时间、部位、内容和要求，以确定巡回检查路线和检查顺序。检查次数应符合下列要求。

施工期，宜每周 2 次，但每月不少于 4 次。

初蓄水期或水位上升期，宜每天或每两天 1 次，具体次数视水位上升或下降速度而定。

运行期，宜每周 1 次，或每月不少于 2 次。汛期、高水位及出现影响工程安全运行情况时，应增加次数，每天至少 1 次。

2. 年度巡视检查

每年汛前、汛后、用水期前后和冰冻严重时，应对水库工程进行全面或专门的检查，一般每年 2 ~ 3 次。

3. 特别巡视检查

当水库遭遇到强降雨、大洪水、有感地震、水位骤升骤降或持续高水位等情况，或发生比较严重的破坏现象和危险迹象时，应组织特别检查，必要时进行连续监视。

（二）检查项目和内容

1. 坝体

坝顶有无裂缝、异常变形、积水或植物滋生等；防浪墙有无开裂、挤碎、架空、错断、倾斜等。

迎水坡护坡有无裂缝、剥（脱）落、滑动、隆起、塌坑或植物滋生等；近坝水面有无变浑或旋涡等异常现象。

背水坡及坝趾有无裂缝、剥（脱）落、滑动、隆起、塌坑、雨淋沟、散浸、积雪不均匀融化及渗水、流土、管涌等；排水系统是否通畅；草皮护坡植被是否完好；有无兽洞、蚁穴等；反滤排水设施是否正常。

2. 坝基和坝区

坝基基础排水设施的渗水水量、颜色、气味及浑浊度、酸碱度、温度有无变化。

坝端岸坡连接处有无裂缝、错动、渗水等；坝端岸坡有无裂缝、滑动、崩塌、溶蚀、塌坑、异常渗水及兽洞、蚁迹等；护坡有无隆起、塌陷等；绕坝渗水是否正常。

坝趾近区有无阴湿、渗水、管涌、流土或隆起等；排水设施是否完好。

有条件时应检查上游铺盖有无裂缝、塌坑。

3. 输、泄水洞（管）

引水段有无堵塞、淤积、崩塌。

进水塔（或竖井）有无裂缝、渗水、空蚀、混凝土碳化等。

洞（管）身有无裂缝、空蚀、渗水、混凝土碳化等；伸缩缝、沉陷缝、排水孔是否正常。

出口段放水期水流形态是否正常；停水期是否渗漏。

消能工有无冲刷损坏或砂石、杂物堆积等。

工作桥、交通桥是否有不均匀沉陷、裂缝、断裂等。

4. 溢洪闸（道）

进水段（引渠）有无坍塌、崩岸、淤堵或其他阻水障碍；流态是否正常。

堰顶和闸室、闸墩、胸墙、边墙、溢流面、底板有无裂缝、渗水、剥落、碳化、露筋、磨损、空蚀等；伸缩缝、沉陷缝、排水孔是否完好。

消能工有无冲刷损坏或砂石、杂物堆积等，工作桥、交通桥是否有不均匀沉陷、裂缝、断裂等。

溢洪河道河床有无冲刷、淤积、采沙、行洪障碍等；河道护坡是否完好。

5. 闸门及启闭机

闸门有无表面涂层剥落，门体有无变形、锈蚀、焊缝开裂或螺栓、铆钉松动；支承行走机构是否运转灵活；止水装置是否完好等。

启闭机是否运转灵活、制动准确可靠，有无腐蚀和异常声响；钢丝绳有无断丝、磨损、锈蚀、接头松动、变形；零部件有无缺损、裂纹、磨损及螺杆有无弯曲变形；油路是否通畅，油量、油质是否符合规定要求等。

机电设备、线路是否正常，接头是否牢固，安全保护装置是否可靠，指示仪表是否指示正确，接地是否正确，绝缘电阻值是否符合规定，备用电源是否完好；自动监控系统是否正常、可靠，精度是否满足要求；启闭机房是否完好等。

6. 库区

有无爆破打井、采石（矿）、采沙、取土、修坟、埋设管道（线）等活动。

有无兴建房屋、码头或其他建（构）筑物等违章行为。

有无排放有毒物质或污染物等行为。

有无非法取水的行为。

7. 附属设施

观测、照明、通信、安全防护、防雷设施及警示标志、防汛道路等是否完好。

（三）检查方法和要求

1. 检查方法

常规方法：用眼看、耳听、手摸、鼻嗅、脚踩等直观方法，或辅以锤钎、钢卷尺、放大镜、石蕊试纸等简单工具对工程表面和异常部位进行检查。

特殊方法：采用开挖探坑（槽）、探井、钻孔取样、孔内电视、向孔内注水试验、投放化学试剂、潜水员探摸、水下电视、水下摄影、录像等方法，对工程内部、水下部位或坝基进行检查。

2. 检查要求

需要及时发现不正常迹象，分析原因、采取措施，防止事故发生，保证工程安全。

日常巡视检查应由熟悉水库工程情况的管理人员参加，人员应相对稳定，检查时应带好必要的辅助工具、照相设备和记录本等。

年度巡视检查和特别巡视检查，应制订一个详细检查计划并做好如下准备工作：①安排好水情调度，为检查输水、泄水建筑物和水下检查创造条件；②做好检查所需电力安排，为检查工作提供必要的动力和照明；③排干被检查部位的积水，清除堆积物；④安装好被检查部位的临时通道，便于检查人员行动；⑤采取安全防范措施，确保工程设备及人身安全；⑥准备好工具、设备、车辆或船只以及量测、记录、绘草图、照相、录像等器具。

（四）检查记录和报告

1. 记录和整理

每次巡视检查均应按巡视检查记录表作出记录。对已发现的异常情况，除详细记述时间、部位、险情和绘出草图外，必要时应测图、摄影或录像。

现场记录应及时整理，并将每次巡视检查结果与以往巡视检查结果进行比较分析，如有问题或异常现象，应及时复查。

2. 报告和存档

日常巡视检查中发现异常现象时，应立即采取应急措施，并上报主管部门。

年度巡视检查和特别巡视检查结束后，应提出检查报告，对发现的问题应立即采取应急措施，并根据设计、施工、运行资料进行综合分析，提出处理方案，并上报主管部门。

各种巡视检查的记录、图件和报告等均应整理归档。

二、水库工程变形观测

变形观测项目主要有表面变形观测、裂缝及伸缩缝观测。

（一）表面变形观测

表面变形观测包括竖向位移和水平位移。水平位移包括垂直于坝轴线的横向水平位移和平行于坝轴线的纵向水平位移。

1. 基本要求

表面竖向位移和水平位移观测一般共用一个观测点，竖向和水平位移观测应配合进行。

观测：基点应设置在稳定区域内，每隔 3 ~ 5 年校测一次；测点应与坝体或岸坡牢固结合；基点和测点均应有可靠的保护装置。①

变形观测的正负号规定：①水平位移，向下游为正，向左岸为正；反之为负。②竖向位移，向下为正，向上为负。③裂缝和伸缩缝三向位移：对开合、张开为正，闭合为负；对沉陷、同竖向位移、滑移，向坡下为正，向左岸为正；反之为负。

2. 观测断面选择和测点布置

观测横断面一般不少于 3 个，通常选在最大坝高或原河床处、合龙段、地形突变处、地质条件复杂处、坝内埋管及运行有异常反应处。

---

① 邓中俊，杨玉波，赵文波，等 . 水工建筑物检测与诊断技术及应用 [M]. 北京：中国水利水电出版社，2019.

观测纵断面一般不少于 4 个，通常在坝顶的上游、下游两侧布设 1 ~ 2 个；在上游坝坡正常蓄水位以上可视需要设临时测点；下游坝坡半坝高以上 1 ~ 3 个，半坝高以下 1 ~ 2 个（含坡脚 1 个）。对建在软基上的坝，应在下游坝址外侧增设 1 ~ 2 个。

测点的间距：坝长小于 300m 时，宜取 20 ~ 50m；坝长大于或等于 300m 时，宜取 50 ~ 100m。

视准线应离障碍物 1.0m 以上。

3. 基点布设

各种基点均应布设在两岸岩石或坚固土基上，便于起（引）测，避免自然和人为影响。

起测基点可在每一纵排测点两端的岸坡上各布设一个，其高程宜与测点高程相近。

采用视准线法进行横向水平位移观测的工作基点，应在两岸每一纵排测点的延长线上各布设一个。当坝轴线为折线或坝长超过 500m 时，可在坝身每一纵排测点中增设工作基点（可用测点代替），工作基点的距离保持在 250m 左右；当坝长超过 1000m 时，一般可用三角网法观测增设工作基点的水平位移，有条件的，宜用倒垂线法。

水准基点一般在坝体下游 0.5 ~ 3.0km 处布设 2 ~ 3 个。

采用视准线法观测的校核基点，应在两岸同排工作基点延长线上各设 1 ~ 2 个。

4. 观测设施及安装

测点和基点的结构应坚固可靠，且不易变形。

测点可采用柱式或墩式。兼作竖向位移和横向水平位移观测的测点，其立柱应高出地面 0.6 ~ 1.0m，立柱顶部应设有强制对中底盘，其对中误差均应小于 0.2mm。

在土基上的起测基点，可采用墩式混凝土结构。在岩基上的起测基点，可凿坑就地浇注混凝土。在坚硬基岩埋深 5 ~ 20m 的情况下，可采用深埋双金属管作为起测基点。

工作基点和校核基点一般采用整体钢筋混凝土结构，立柱高度以司镜者操作方便为准，但应大于 1.2m；立柱顶部强制对中底盘，对中误差应小于 0.1mm。

水平位移观测的觇标，可采用觇标杆、觇牌或电光灯标。

测点和土基上基点的底座埋入土层的深度不小于0.5m，并采取防护措施。埋设时，应保持立柱铅直，仪器基座水平。各测点强制对中底盘中心位于视准线上，其偏差不得大于10mm，底盘倾斜度不得大于4°。

5.观测方法及要求

表面竖向位移观测，一般用水准法。采用水准仪观测时，闭合误差不得大于±1.4VNmm（N为测站数）。

横向水平位移观测，一般用视准线法。采用视准线观测时，可用经纬仪或视准线仪。当视准线长度大于500m时，应采用J1级经纬仪、视准线的观测方法，可选用活动觇标法，宜在视准线两端各设固定测站，观测其靠近位移测点的偏离值。

纵向水平位移观测，一般用钢尺，也可用普通钢尺加修正系数，其误差不得大于0.2mm，有条件时可用光电测距仪测量。

（二）裂缝及伸缩缝观测

坝体表面裂缝的缝宽＞5mm的，缝长＞5m的，缝深＞2m的纵、横向缝以及输（泄）水建筑物的裂缝、伸缩缝都应进行监测。观测方法和要求如下。

坝体表面裂缝，可采用皮尺、钢尺等简单工具设置简易测点。对2m以内的浅缝，可用坑槽探法检查裂缝深度、宽度及产状等。

坝体表面裂缝的长度和可见深度的测量，应精确到1cm；裂缝宽度宜采用在缝两边设置简易测点来确定，应精确到0.2mm；对深层裂缝，宜采用探坑或竖井检查，并测定裂缝走向，且应精确到0.5°。

对输（泄）水建筑物重要位置的裂缝及伸缩缝，可在裂缝两侧的浆砌块石、混凝土表面各埋设1～2个金属标志。采用游标卡尺测量金属标志两点间的宽度变化值，精度可量至0.1mm；采用金属丝或超声波探伤仪测定裂缝深度，精度可量至1cm。

裂缝发生初期，宜每天观测一次。当裂缝发展缓慢后，可适当减少测次。在气温和上游、下游水位变化较大或裂缝有显著发展时，均应增加测试。

三、水库工程渗流观测

渗流监测项目主要有坝体渗流压力、坝基渗流压力、绕坝渗流及渗流量等观测。

凡不宜在工程竣工后补设的仪器、设施，均应在工程施工期适时安排。当运用期补设测压管或开挖集渗沟时，应确保渗流安全。

（一）坝体渗流压力观测

坝体渗流压力观测，包括观测断面上的压力分布和浸润线位置的确定。

1. 观测横断面的选择与测点布置

观测横断面宜选在最大坝高处、原河床段、合龙段、地形或地质条件复杂的地段，一般不少于3个，并尽量与变形观测断面相结合。

根据坝型结构，断面大小和渗流场特征，应设3～5条观测铅直线。一般位置是：上游坝肩、下游排水体前缘各1条，其他部位至少1条。

测点布设：横断面中部每条铅直线上可只设1个观测点，高程应在预计最低浸润线以下；渗流进、出口段及浸润线变幅较大处，应根据预计浸润线的最大变幅，沿不同高程布设测点，每条直线上的测点数不少于2个。

2. 观测仪器的选用

作用水头小于20m、渗透系数大于或等于10^{-4}cm/s的土中、渗压力变幅小的部位、监视防渗体裂缝等，宜采用测压管。

作用水头大于20m、渗透系数小于10^{-4}cm/s的土中、观测不稳定渗流过程以及不适宜埋设测压管的部位，宜采用振弦式孔隙水压力计，其量程应与测点实有压力相适应。

3. 观测方法和要求

测压管水位的观测，宜采用电测水位计。有条件的可采用示数水位计、遥测水位计或自记水位计等。测压管水位两次测读误差应不大于2cm；电测水位计的测绳长度标记，应每隔1～3个月用钢尺校正一次；测压管的管口高程，在施工期和初蓄期应每隔1～3个月校测一次，在运行期至少每年校测一次。

振弦式孔隙水压力计的压力观测，应采用频率接收仪。两次测读误差应不大于1Hz，测值物理量用测压管水位来表示。

（二）坝基渗流压力观测

坝基渗流压力观测，包括坝基天然岩石层、人工防渗和排水设施等关键部位渗流压力分布情况的观测。

1. 观测横断面的选择与测点布置

观测横断面数一般不少于3个，并宜顺流线方向布置或与坝体渗流压力观测断面相重合。

进行测点布设时，每个断面上的测点不应少于3个。均质透水坝基，渗流出口内侧必设一个测点，有铺盖的，应在铺盖末端底部设一测点，其余部位适当插补。层状透水坝基，一般在强透水层的中下游段和渗流出口附近布置。岩石坝基有贯穿上下游的断层、破碎带或软弱带时，应沿其走向在与坝体的接触面、截渗墙的上下游侧或深层所需监视的部位布置。

2. 观测仪器的选用

与坝体渗流压力观测相同。但当接触面处的测点选用测压管时，其透水段和回填反滤料的长度宜小于 0.5m。

3. 观测方法和要求

与坝体渗流压力观测相同。

（三）绕坝渗流观测

绕坝渗流观测包括两岸坝端及部分山体、坝体与岸坡或与混凝土建筑物接触面，以及防渗齿墙或灌浆帷幕与坝体或两岸接合部等关键部位。

1. 观测断面的选择与测点布置

坝体两端的绕坝观测宜沿流线方向或渗流较集中的透水层（带）设 2 ~ 3 个观测断面，每个断面上设 3 ~ 4 条观测铅直线（含渗流出口）。

坝体与建筑物接合部的绕坝渗流观测，应在接触轮廓线的控制处设置观测铅直线，沿接触面不同高程布设观测点。

岸坡防渗齿槽和灌浆帷幕的上下游侧各设一个观测点。

2. 观测仪器的选用及观测方法和要求

同坝体渗流压力观测。

（四）渗流量观测

渗流量观测包括渗漏水的流量及其水质观测。水质观测中包括渗漏水的温度、透明度观测和化学成分分析。

1. 观测系统的布置

渗流量观测系统应根据坝型和坝基地质条件、渗漏水的出流和汇集条件以及所采用的测量方法等分段布置。所有集水和量水设施均应避免客水干扰。

当下游有渗漏水出逸时，应在下游坝址附近设导渗沟，在导渗沟出口设置量水设施测其出逸流量。

当透水层深厚，地下水位低于地面时，可在坝下游河床中顺水流方向设两根测压管，间距 20 ~ 30m，通过观测地下水坡降计算渗流量。

渗漏水的温度观测以及用于透明度观测和化学分析水样的采集均应在相对

固定的渗流出口处进行。

2. 渗流量的测量方法

当渗流量小于 1L/s 时，宜采用容积法。

当渗流量在 1 ~ 300L/s 时，宜采用量水堰法。

当渗流量大于 300L/s 时或受落差限制不能设置量水堰时，应将渗漏水引入排水沟中采用测流速法。

3. 观测方法及要求

渗流量及渗水温度、透明度的观测次数与渗流压力观测相同。化学成分分析次数可根据实际需要确定。

量水堰堰口高程及水尺、测针零点应定期校测，每年至少一次。

用容积法时，充水时间不少于 10s，二次测量的流量误差不应大于均值的 5%。

用量水堰观测渗流量时，水尺的水位读数应精确到 1mm，测针的水位读数应精确到 0.1mm，堰上水头两次观测值之差不大于 1mm。

测流速法的流速测量，可采用流速仪法，两次流量测值之差不应大于均值的 10%。

观测渗流量时，应测记相应渗漏水的温度、透明度和气温。温度应精确到 0.1℃，透明度观测的两次测值之差不大于 1cm。出现浑水时，应测出相应的含沙量。

四、水文、气象监测

水文、气象监测项目有水位观测、降水观测、气温和出入库流量观测。

（一）水位观测

1. 测点布置要求

水库水位观测点应设置在水面平稳，受风浪和泄流影响较小，便于安装设备和观测的地点或永久性建筑物上。

输、泄水建筑物上游水位观测点应在建筑物堰前布设。

下游水位观测点应布置在水流平顺，受泄流影响较小，便于安装设备和观测的地点或与测流断面统一布置。

2. 观测设备

一般设置水尺或自记水位计。有条件时，可设遥测水位计或自动测报水位计。观测设备延伸测读高程应低于水库死水位或高于校核洪水位。水尺零点高程每年应校测一次，有变化时应及时校测。水位计每年汛前应检验。

3.观测要求

每天观测一次，汛期还应根据需要调整测次，开闸泄水前后应各增加观测一次，观测精度应达到 1cm。

（二）降水观测

1.测点布置

视水库集水面积确定，一般每 20 ~ 50km^2 设置一个观测点或根据洪水预报需要布设。

2.观测设备

一般采用雨量器，有条件时，可用自记雨量计、遥测雨量计或自动测报雨量计。

3.观测方法和要求

定时观测以 8 时为日分界，从本日 8 时至次日 8 时的降水量为本日的日降雨量。分段观测从 8 时开始，每隔一定时段（如 12 小时、6 小时、4 小时、3 小时、2 小时或 1 小时）观测一次。遇大暴雨时应增加测试。观测精度应达到 1 毫米。

（三）气温观测

坝区至少应设置一个气温测点。

观测设备设在专用的百叶箱内，设直读式温度计和最高最低温度计或自计温度计。

（四）出、入库流量观测

测点布置：出库流量应在溢泄道溢洪闸下游、灌溉涵洞出口处的平直段布设观测点。入库流量应在主要汇水河道的入口处附近设置观测点。

观测设备：一般采用流速仪，有条件的可采用 ADCP（超声波）测速仪。

五、监测资料的整编与分析

资料整编包括平时资料整理和定期资料编印，在整编和分析的过程中应注意以下几点。

平时资料整理重点是查证原始观测数据的正确性，计算观测物理量，填写观测数据记录表格，点绘观测物理量过程线，考察观测物理量的变化，初步判断是否存在变化异常值。

在平时资料整理的基础上进行观测统计，填制统计表格，绘制各种观测变化的分布相关图表，并编写编印说明书。编印时段在施工期和初蓄期，一般不超过 1 年。在运行期，每年应对观测资料进行整编与分析。

整编成果应项目齐全,考证清楚；数据可靠,图表完整；规格统一,说明完备。

在整个观测过程中，应及时对各种观测数据进行检验和处理，并结合巡视检查资料进行复核分析。有条件的应利用计算机建立数据库，并采用适当的数学模型，对工程安全性态作出评价。

监测资料整编、分析成果应建档保存。

第二节 水库工程的调度运用

一、一般规定

水库管理单位应根据经审查批准的流域规划、水库设计、竣工验收及有关协议等文件，制订水库调度运用方案，并按规定报批执行。在汛期，综合利用水库的调度运用应服从防汛指挥部的统一指挥。

水库调度运用工作应包括以下内容：①编制水库防洪和兴利调度运用计划。②进行短期、中期、长期水文预报。③进行水库实时调度运用。④编制或修订水库防洪抢险应急预案。

水库调度运用的主要技术指标应包括：①校核洪水位、设计洪水位、防洪高水位、汛期限制水位、正常蓄水位、综合利用下限水位和死水位。②库区土地征用及移民迁安工程。③下游河道的安全水位及流量。④城市生活及工业、农业用水量。

水库调度运用应采用先进技术和设备，研究优化调度方案，逐步实现自动测报和预报。

二、防汛工作

水库防汛工作应贯彻“以防为主，防重于抢”的方针，并实行政府行政首长负责制。

每年汛前（6 月 1 日前），管理单位应做好以下主要工作：①组织汛前检查，做好工程养护。②制订汛期各项工作制度和工作计划，落实防汛责任制。③修订完善水库防洪抢险应急预案，并按规定报批。④补充落实防汛抢险物资、器材及机电设备备品备件。⑤清除管理范围内的障碍物。

汛期（6 月 1 日至 9 月 30 日），管理单位应做好以下主要工作：①加强防汛值班，确保信息畅通，及时上报雨情、水情和工情，准确执行上级主管部门的指令。②加强工程的检查观测，随时掌握工程运行状况，发现问题立即处理。③泄洪时，应提前通知下游，并加强对工程和水流情况的巡视检查，安排专人值班。④对影响安全运行的险情，应及时组织抢险，并上报主管部门。

汛后（10 月 1 日后），管理单位应做好以下主要工作：①开展汛后工程检查，做好设备养护工作。②编制防汛抢险物资器材及机电设备备品备件补充计划。③根据汛后检查发现的问题，编制次年度工程修理计划。④完成防汛工作总结，制订次年度工作计划。

当水库遭遇超校核标准洪水或特大险情时，应按防洪预案规定及时向下游报警并报告地方政府，并采取紧急抢护及转移群众等措施。

三、防洪调度

水库防洪调度应遵循下列原则：①在保证水库安全的前提下，按下游防洪需要，对入库洪水进行调蓄，充分利用洪水资源。②汛期限制水位以上的防洪库容调度运用，应按各级防汛指挥部门的调度权限，实行分级调度。③与下游河道和分、滞洪区联合运用，并充分发挥水库的调洪错峰作用。[①]

防洪调度方案应包括以下内容：①核定（明确）各防洪特征水位。②制定实时调度运用方式。③制定防御超标准洪水的非常措施，绘制垮坝淹没风险图。④明确实施水库防洪调度计划的组织措施和调度权限。

水库管理单位应按照批准的防洪调度方案，科学、合理实施调度。

水库管理单位应根据水情、雨情的变化，及时修正和完善洪水预报方案。

入库洪峰尚未达到时，应提前预降库水位，腾出防洪库容，保证水库安全。

四、兴利调度

水库兴利调度应遵循以下原则：①满足城乡居民生活用水，兼顾工业、农业和生态等需求，最大限度地综合利用水资源。②计划用水和节约用水。

兴利调度计划应包括以下内容：①当年水库蓄水及来水的预测。②协调并初定各用水单位对水库供水的要求。③拟订水库各时段的水位控制指标。④制

① 刘鑫．水利工程水资源供水调度与生态效应研究分析 [J]．陕西水利，2024（10）：51-53，57.

订年（季、月）的具体供水计划。

实施兴利调度时，应实时调整兴利调度计划，并报主管部门备案。当遭遇特殊干旱年，应重新调整供水量，报主管部门核准后执行。

五、控制运用

水库管理单位应根据批准的防洪和兴利调度计划或上级主管部门的指令，实施涵闸的控制运用。执行完毕后，应向上级主管部门报告。

溢洪闸需超标准运用时，应按批准的防洪调度方案执行。

在汛期，除设计兼有泄洪功能的输水涵洞可用于泄洪外，其他输水涵洞不得进行泄洪运用。

闸门操作运用应符合下列要求：①当初始开闸或较大幅度增加流量时，应采取分次开启的方法，使过闸流量与下游水位相适应。②闸门开启高度应避免处于发生振动的位置。③过闸水流应保持平稳，避免发生集中水流、折冲水流、回流和旋涡等不利流态。④关闸或减少泄洪流量时，应避免下游河道水位降落过快。⑤输水涵洞应避免洞内长时间处于明满流交替状态。

闸门开启前应做好下列准备工作：①检查闸门启闭状态有无卡阻。②检查启闭设备是否符合安全运行要求。③检查闸下溢洪道及下游河道有无阻水障碍。④及时通知下游。

闸门操作应遵守下列规定：①多孔闸闸门应按设计提供的启闭要求及闸门操作规程进行操作运用，一般应同时分级均匀启闭，不能同时启闭的，开闸时应先中间、后两边，由中间向两边依次对称开启。关闸时应先两边、后中间，由两边向中间依次对称关闭。②电动、手摇两用启闭机在采用人工启门前，应先断开电源。闭门时禁止松开制动器，使闸门自由下落，操作结束后应立即取下摇柄。③两台启闭机控制一扇闸门的，应保持同步。一台启闭机控制多扇闸门的，闸门开高应保持相同。④操作过程中，如发现闸门有沉重、停滞、卡阻和杂声等异常现象，应立即停止运行，并进行检查处理。⑤使用液压启闭机，当闸门开启到预定位置，而压力仍然升高时，应立即控制油压。⑥当闸门开启接近最大开度或关闭接近底槛时，应加强观察并及时停止运行。闸门关闭不严时，应查明原因进行处理。使用螺杆启闭机的，应采用手动关闭。

采用计算机自动监控的水闸，应根据工程的具体情况，制定相应的运行操作和管理规程。

第三节 水库工程的库区管理

一、管理原则

库区管理遵循统筹规划、保护优先、合理利用、综合治理的原则，实行统一领导、分工负责、部门联动、公众参与的机制。

二、协调机构

人民政府设立库区管理委员会，统筹协调库区管理工作。库区管理委员会由库区所在地区人民政府组成，并履行以下职责：①组织协调库区保护与发展规划的制定与实施。②统筹协调库区管理范围内重大事项的决策。③研究制订库区管理年度工作计划和措施。④组织开展库区管理联合执法。⑤组织库区管理综合考核评价工作。⑥协调处理库区管理部门之间、区县之间的重大争议。⑦组织开展库区生态保护和修复工作。⑧协调其他需要统筹的事项。⑨库区管理委员会的日常工作由县或乡镇人民政府水行政主管部门负责。

三、管理制度

库区管理实行目标管理责任制和考核评价制度。库区管理委员会负责制定工作目标和考核评价办法，将库区管理目标完成情况作为对有关单位和相关库区人民政府及其主要负责人进行综合考核评价的内容。

四、执法机制

承担库区管理职责的相关部门按照各自职责开展库区管理范围内的行政执法，发现本部门无权查处的违法行为应当及时移送有查处权的管理部门。

库区管理委员会可以指定水务、环境保护、交通运输或者其他部门牵头，组织相关部门开展库区管理范围内的联合执法。水务、环境保护、国土资源和渔业等机构可以委托县市区水务综合执法机构在库区管理范围内实施行政处罚。

五、公众参与

库区管理中的重大决策事项，应当采取座谈会、论证会、听证会等方式广泛听取社会公众和有关专家的意见。任何单位和个人有权对库区管理范围内的违法行为进行举报。

六、禁止活动

（一）库区管理范围禁止活动

在库区管理范围内应当遵守下列法律法规的规定。

禁止建设妨碍行洪的建筑物、构筑物，倾倒垃圾、渣土，从事影响河势稳定、危害河岸堤防安全和其他妨碍河道行洪的活动。

禁止使用炸鱼、毒鱼、电鱼等破坏渔业资源的方法进行捕捞，禁止在禁渔区、禁渔期进行捕捞。

禁止擅自在河道滩地存放物料、修建厂房或其他建筑设施；禁止任意侵占、砍伐和破坏护堤岸林木。

禁止擅自从事采砂活动。

禁止从事食品加工等污染水体的活动，禁止摆摊设点等经营活动。

禁止种植农作物；禁止经营性餐饮；禁止放牧、养殖；禁止采矿；禁止在市人民政府规定的岸线区域外装卸砂石。

其他法律法规禁止的行为。

（二）库区范围禁止活动

在库区范围内，还应当遵守下列法律法规的规定。

禁止在饮用水水源保护区设置排污口；禁止在一级水源保护区内新建、扩建与供水设施和保护水源无关的建设项目；禁止从事网箱养殖、旅游、游泳、垂钓或者其他可能污染饮用水水体的活动。

禁止危害航道通航安全的行为。

禁止侵占、毁坏、擅自移动或者擅自使用水文监测设施。

禁止港口码头违规违章作业；船舶应当在码头、泊位或者依法公布的锚地、停泊区、作业区停泊；禁止乱停乱靠；禁止装载有国家明令禁止通过内河运输的有毒有害或者放射性物质的船舶通行、停靠和装卸。

禁止水路运输经营者在依法取得许可经营范围之外从事水路运输经营；不

得超载或者使用货船载运旅客；禁止未取得船舶营运证件的船舶从事水路运输。

禁止在一级水源保护区内装载有毒有害或者放射性物质的船舶停靠和装卸。

禁止破坏或擅自挪动水功能区标志。

禁止无证经营水上加油站点。

其他法律法规禁止的行为。

第二章 变压器的运行与管理

第一节 概述

一、变压器简介

变压器是一种静止的电器，它是由绕在同一个铁芯（由硅钢片叠成）上的两个或多个线圈组成的，线圈之间通过随时间交变的磁通相互联系而传输能量（自耦变压器的线圈之间还有电的联系）。它的功能是把一种等级的电压和电流变成为同频率的另一种等级的电压（升高或降低）和电流，从而把发电厂发出的电能远距离地输送并合理地分配和使用。电力变压器是水电站最重要的变压升压设备，而变电站则是一个电网里的重要组成部分。

水电站常用三相油浸式变压器，它利用电磁感应原理工作，将铁芯和绕组浸在盛满绝缘油的变压器油箱中，由各种绝缘材料，如绝缘油、绝缘纸、酚醛压制品、环氧制品、绝缘漆、电瓷、布带、黄蜡管、黄蜡绸、木材等组成变压器的绝缘。绕组引出线由变压器套管引出至油箱的外面，设有分接抽头，可通过切换装置进行电压调整。调压分有载调压（带电切换分接开关）和无载调压（即不带电切换分接开关）两种。由储油柜（俗称油枕）、油位计、净油器、吸湿器构成油保护装置。由安全气道、压力释放阀、瓦斯气体继电器等组成安全保护装置。温度计或温度信号器具安装在油箱盖上测温孔内，测量变压器顶层油温。中小型变压器（容量在 7500kVA 及以下）采用油浸自冷方式冷却，当变压器容量超过 10000kVA 时采用油浸风冷或强迫油循环水冷却方式，并在变压器外面另装冷却风扇或油泵和水泵等冷却装置。[①]

二、变压器的保护

为了使变压器长期安全、正常、连续、稳定运行，最大限度地发挥变压器的效率，变压器一般应该按额定方式运行，但是由于变压器在运行中负荷是经常变化的，即负荷曲线有高峰和低谷，在高峰时可能超过负荷。当变压器过负

① 王思泽 . 变压器故障智能诊断及预警系统的研究 [D]. 淮南：安徽理工大学，2024.

荷时，绝缘寿命损失将增加，而轻负荷运行时绝缘寿命损失将减小，因此可以相互补偿，不增加变压器寿命损失的过负荷称为正常过负荷。正常过负荷是每天都可以使用的，并不因此缩短变压器的正常使用寿命。

变压器在运行中冷却介质的温度也是变化的，在夏季油温升高，变压器带额定负荷时的绝缘寿命损失将增加，而在冬季油温降低，带额定负荷时的绝缘寿命损失将减小。因此，当按年等值环境温度运行时，变压器绝缘寿命损失冬夏自然补偿，而不降低变压器的正常使用寿命。由此有些过负荷运行状态是允许的，有条件短时间过负荷对变压器不会造成危害，而超时过负荷运行状态是不允许的。

变压器是电力系统数量较多的核心设备之一，它的故障将对发（供）电的可靠性和系统的正常运行带来严重的影响。同时大容量的变压器也是非常贵重的设备，因此必须根据变压器的容量大小和重要程度，装设性能良好、动作可靠的继电保护装置，让它及时跳闸停电退出运行。

变压器一般可能发生的故障有：①变压器内部绕组的多相短路、单相匝间短路、单相接地短路等。②变压器外部绝缘导管及引出线上的多相短路、单相接地短路等。③变压器内部绝缘油受潮等引起绝缘油不合格。

变压器内部故障不仅会损坏变压器，而且绝缘物和变压器油在电弧的作用下急剧汽化，可能导致油箱爆炸。导管及引出线上发生相间或一相碰壳短路，将产生大的短路电流，损坏变压器，破坏电力系统正常运行。

变压器的不正常工作状况主要有：①由于外部短路引起的过电流。②由于电动机自启动或并联工作的变压器被断开及高峰负荷等原因所引起的过负荷。③油箱油面异常降低。④绝缘油的温度异常升高。

变压器外部短路引起的过电流会使变压器线圈过热，线圈绝缘加速老化，引起内部故障。变压器在不减少正常使用寿命条件下，允许过负荷。

根据上述故障和不正常工作状态，为了保证变压器的安全运行，变压器一般装设下列保护装置。

（一）瓦斯保护

容量在800kVA以上（车间内的变压器容量在400kVA以上）的变压器应装设瓦斯保护，用以反映变压器油箱内部故障时产生的瓦斯气体动作保护，分为有动作时只发信号的轻瓦斯保护和动作时跳闸停电的重瓦斯保护。同时，它也能反映油面下降的故障。

（二）纵联差动保护

容量在10000kVA及以上（并列运行时，容量在6300kVA以上）变压器应装设纵联差动保护，用以反映变压器内部绕组、绝缘套管及引出线相间短路等，它和瓦斯保护一起构成变压器的主保护。

（三）电流速断保护

对于小容量的变压器，不装差动保护，而在其电源侧装设电流速断保护作为主保护。

（四）过电流保护

变压器的过电流保护用的电流互感器装在电源侧，是作为外部短路及变压器内部短路的后备保护。

（五）零序过流保护

在中性点直接接地系统中，在变压器中性点引线上安装保护用的电流互感器，用以装设零序过流保护，即作为变压器的单相接地保护，主要用作外部电网接地短路的后备保护。

（六）过负荷保护

过负荷保护装置在变压器过负荷时，该保护发出提示报警信号。

（七）温度信号保护

温度信号保护是变压器上层油面上引出温度信号器，在变压器油温超过整定值时（一般整定在80℃～90℃），即发出报警信号，对运行人员进行提示。

三、变压器运行方式

下面就变压器运行方式必须遵守的条件及机械冷却变压器的允许运行方式作全面介绍。

（一）额定运行方式

变压器在制造厂规定的额定使用条件下，全年可按额定容量运行。变压器运行时，铁芯、绕组损耗使各部位发热，进而导致变压器温度升高。若变压器的温度长时间超过允许值，将加速绝缘老化甚至绝缘破裂，或发生电气击穿而造成故障。

变压器在运行中各部分的温度不相同，绕组温度最高，铁芯次之，绝缘油温度最低，运行规程规定以变压器上层油温确定变压器运行中的允许温度，它主要取决于绕组所采用的绝缘材料。我国电力变压器大多采用浸漆处理过的纸、木材和棉纱等有机材料作为绝缘材料，即通常所说的A级绝缘，它运行在40℃空气温度时，其绕组极限工作温度为105℃，变压器上层油温不超过95℃，而一般情况下，为使变压器油不致过速氧化，上层油温以不超过85℃为宜。

一般变压器工作温度每升高8℃，其绝缘寿命要降低一半，这就是变压器的8℃规则。

油浸式变压器最高上层油温可按表2-1的规定运行（以温度计测量）。

表2-1　油浸式变压器最高上层油温

冷却方式	冷却介质最高温度（℃）	最高上层油温度（℃）
自然循环、自冷、风冷	40	95
强迫油循环风冷	40	85
强迫油循环水冷	30	70

当冷却介质温度下降时，变压器最高上层油温也应相应下降。为防止绝缘油加速劣化，自然循环变压器上层油温一般不宜经常超过85℃。

不应以额定负荷时上层油温低于表2-1规定作为该变压器过负荷运行的依据。对于经改进结构或改善冷却方式的变压器，应通过温升试验以确定其负荷能力。

干式变压器各部分的温升不得超过表2-2的规定。

表2-2　干式变压器各部分的温升

<table>
<tr><th colspan="2">变压器的部位</th><th>温升限值（℃）</th><th>测量方法</th></tr>
<tr><td rowspan="5">绕组</td><td>A绝缘</td><td>60</td><td rowspan="5">电阻法</td></tr>
<tr><td>E绝缘</td><td>75</td></tr>
<tr><td>B绝缘</td><td>80</td></tr>
<tr><td>F绝缘</td><td>100</td></tr>
<tr><td>H绝缘</td><td>125</td></tr>
<tr><td colspan="2">铁芯表面及结构零件表面</td><td>最大不得超过接触绝缘的允许温升</td><td>温度计法</td></tr>
</table>

为了使三绕组及自耦变压器的各绕组温度不超过允许值，应按下列条件运行：①每一绕组负荷不得超过其额定值；②自耦变压器在高、低压侧同时向中压侧送电时（或相反方式送电时），应按公用绕组电流不超过其额定值监视变

压器负荷。

（二）允许的过负荷运行方式

变压器的过负荷能力是指在不损害绝缘和不降低寿命的前提下，变压器在短时间内能输出的最大容量，它可能大于变压器的额定容量。

变压器允许过负荷的实质是变压器长期在低负荷或低环境温度（低于40℃）下运行所节存的寿命，以补偿短时过负荷使绝缘老化而缩短的寿命，最终保证变压器正常寿命（约20年）不变。

变压器可以在限定条件下正常过负荷和事故过负荷的情况下运行。

正常过负荷可以经常使用，其允许值根据变压器的负荷曲线、冷却介质的温度及过负荷前变压器所带的负荷情况来确定。

事故过负荷只允许在事故情况下使用（如运行中一台变压器故障且无备用变压器，则其余变压器允许按事故过负荷运行）。

变压器在一定的严格条件下，可在正常过负荷和事故过负荷的情况下短时运行。变压器存在较大的缺陷（例如冷却系统不正常，严重漏油，色谱分析异常等）时不允许过负荷运行。

干式变压器的过负荷运行应遵守制造厂的规定。油浸式变压器正常过负荷运行可参照下述规定：①全天满负荷运行的变压器不宜过负荷运行；②变压器在低负荷期间，负荷系数小于1时，则在高峰负荷期间变压器允许的过负荷倍数和持续时间，由运行现场规程确定；③在夏季，根据变压器的典型负荷曲线，其最高负荷低于变压器的额定容量时，则每低1%可允许冬季过负荷1%为限，但以过负荷15%为限，并由现场情况确定；④变压器在过负荷运行前，应遵守现场规定，投入全部工作冷却器，必要时应投入备用冷却器；⑤变压器经过事故过负荷以后，应将事故过负荷的大小和持续时间记入值班记录及变压器的技术档案内。

（三）机械冷却变压器的运行方式

油浸风冷变压器在风扇停止工作时允许的负荷，应遵守制造厂的规定。当上层油温不超过55℃时，则可不开风扇在额定负荷下运行；当上层油温超过55℃时，则自动启动风扇。

当油浸风冷变压器冷却系统发生故障、切除全部风扇时，变压器允许带额定负荷运行的时间应遵守制造厂的规定。

强油循环风冷及强油循环水冷的变压器，当冷却系统发生故障切除全部冷却器时（对于强油循环风冷变压器，系指停止油泵及风扇；强油循环水冷变压器系指停止油泵及循环水），在额定负荷下允许的运行时间为 20min。运行后，如油面温度尚未达到 75℃时，则允许上升到 75℃，但切除冷却器后的最长运行时间不得超过 1h。

强油循环风冷及强油循环水冷的变压器，运行时必须投入冷却器，在各种负荷情况下的冷却器台数，应在现场规程中予以规定。

吹风冷却的干式变压器，当冷却风机因故障停止工作时，其允许的运行时间应遵守制造厂的规定。

（四）允许的短路电流和不平衡电流

变压器的允许短路电流应根据变压器的阻抗与系统阻抗来确定，但不应超过线圈额定电流的 25 倍。当超过 25 倍时，应采取限制短路电流的措施，这些应在设计时考虑。

变压器三相负荷不平衡时，应监视最大电流相的负荷。

（五）瓦斯保护装置的运行

变压器运行时轻瓦斯保护应投入信号，重瓦斯接入跳闸。

变压器在运行中进行滤油、加油及换硅胶时，应先将重瓦斯改接信号，此时变压器的其他保护装置（如差动保护、电流切断装置等）仍应接入跳闸位置。工作完毕，变压器空气排尽后，方可将重瓦斯重新投入跳闸位置。

当油位计上指示的油面有异常升高，或油路系统有异常现象时，为查明原因，需要打开各个放气或放油塞子、阀门，检查吸湿器或进行其他工作时，必须先将重瓦斯改接信号，然后才能开始工作，以防瓦斯保护误动作跳闸。

在地震预报期间，根据变压器的具体情况和瓦斯继电器的类型来确定将重瓦斯投入跳闸或信号。地震引起重瓦斯动作停运的变压器，在投运前应对变压器及瓦斯保护进行检查试验，确定无异状后方可投入。

（六）变压器分接开关的运行维护

无载调压变压器，由专责电试人员按调度命令，在变换分接头时按正反方向各转动五周，以便消除触头上的氧化膜及油污，同时要注意分接头位置的正确性。变换分接头后应测量线圈直流电阻及检查锁紧位置，并应对分头变换情况做好记录。变压器分接头的位置应有专门的记录，以便能随时核查。

变压器的有载调压开关应按下列要求进行维护：①每三个月在切换开关中取油样做试验。若低于标准时换油或过滤。当运行时间满一年或变换次数达

4000 次时亦应换油。②新投入的调压开关，在变换 5000 次后，应将切换部分调出检查，以后可按实际情况确定检修的期限。换油与检查的步骤应按制造厂规定。③为防止开关在严重过负荷或系统短路时进行切换（应先查看负荷电流大小再操作），应在变压器回路中加装电流闭锁装置，其整定值不超过额定电流的 1.5 倍。④开关应有瓦斯保护与防爆装置，当保护装置动作时，应查明原因。⑤电动操作机构等应经常保持良好状态。运行人员要定时巡视检查。

（七）变压器的并列运行

随着现代发电厂、变电站容量的增大需要将两台或多台变压器并列运行，以担负系统所分配的容量，并以此提高供电可靠性，减少备用容量；根据负荷大小调整投运变压器台数，以达到提高经济效益的目的。

并列运行就是将两台或多台变压器的一次侧绕组、二次侧绕组分别并接到与其相应电压的母线上。

并列运行的变压器应满足以下条件：①各并列运行变压器的相序及接线组别相同。②各并列运行变压器的变比相同（误差允许在 ±0.5%）。③各并列运行变压器的短路电压百分数相等（误差允许在 ±10%）。

如此规定的目的是在满足条件①②时，使变压器空载时绕组内无环流；满足条件③时，使变压器容量与负荷成正比。

为了使并列运行的每台变压器均能得到合理的利用，变压器容量大小比一般以 3 ∶ 1 为宜。

新装或变动过内、外连线以及改变过接线组别的变压器，在并列运行前必须核定相位，并检查极性。

（八）变压器的经济运行

发电厂和经常有值班人员的变电所，应按照负荷变化情况确定使用变压器台数的数量。

预先编制变压器的停电送电计划，减少一昼夜中的操作次数，停用变压器的时间一般不少于 2 ~ 3h，此时许可与变压器的经济运行方式有一定的出入，可以相互调配负荷，并列运行的变压器也应考虑负荷的经济分配，使在一定的期间内总的损失为最小。

第二节 新变压器投运前的检查和试验

变压器在投运前，必须按规定进行检查和试验，合格后方可投入运行。

变压器安装完成，现场已清理，并经过业主单位验收合格；检修后的变压器电气试验验收合格，安全措施全部拆除，工作票已收回。

变压器本体及附件无缺陷，外表整洁，油漆完整无脱落。

冷却系统的风扇或强迫油循环系统的油泵及水泵正常，管路确认合格。

变压器主体无缺陷，瓷瓶无裂纹、破损，外表清洁无遗留杂物，各连接处紧固，接触良好，引线也良好，无异常。

各部密封均严密完好，无渗油、漏油现象，储油柜油位正常，油箱与气体继电器的坡度符合要求。

呼吸器的气道应通畅，硅胶未变色或失效，呼吸器油封内已注油，各部放气塞已经拧紧，且无剩余气体。

分接开关的手动、电动操作均应灵活、准确，三相分接开关的位置应一致，挡位于符合电网和用户要求的位置上。①

二次接线排列整齐可靠，继电保护装置模拟动作正确、可靠。

油泵、水泵、风扇等运转正常，信号指示正确。

变压器的接线组别与铭牌相符，相序正确，相色漆完整。

各种配套设备合格、齐全。变压器外壳接地良好，接地线应牢固。

气体继电器完好，安全气道、防爆膜完好无裂纹，温度计与测温装置完整良好。

各部分油位应正常，而且油枕的油位应标有 -35℃、+15℃、+40℃的油位监视线。

油再生装置及呼吸器的吸湿剂颜色正常。

瓦斯继电器安装正确，有 1% ~ 1.5%（以变压器的顶盖为准）的升高坡度；由顶盖管道引入瓦斯继电器的方向有 2% ~ 4% 的升高坡度，以便瓦斯继电器能正常工作。

变压器防雷保护应符合规程要求。

防爆管应无油，玻璃应完整。

进出线的相位标示正确、清晰。

① 王小刚 . 变压器投运前的检查和运行中的巡视 [J]. 农村电工，2015，23（8）：36-37.

油的温度仪指示正确，信号动作温度整定值正确。

变压器的消防设备完备，事故排油措施完善。

检查各散热器、热虹吸器及瓦斯继电器与油枕之间的阀门在打开位置。

110kV 变压器中性点接地刀闸按调度要求已合上。

油的简化试验和绝缘强度试验应合格。

变压器外壳应有良好的接地，接地电阻应合格。

保护整定值和压板在投入位置。

继电保护、测量、信号及控制回路接线正确，二次部分模拟操作已验收合格，保护整定值和压板在投入位置。

按国家标准，变压器绕组的绝缘电阻、直流电阻和耐压试验等各项电气试验合格。检查记录或经生产主管进一步检查或确认。

对于有两台变压器并列运行的变电站，要进一步检查或确认是否符合并列运行的条件，即组别、相序、变比、短路电压都要相等。

另外，新装变压器投运前还必须做空载冲击合闸试验。

变压器投入运行前，应选择发电机作电源，做空载零起逐步升压通电试验，合格后，再选择大电网作电源，做全压空载冲击合闸试验。

在此应注意：一般不允许用发电机全压对变压器进行冲击合闸试验，那样有可能损坏发电机。新装变压器必须经过 5 次全压冲击合闸试验，大修后的变压器必须经过 3 次冲击合闸试验，每次间隔 10min。未发现异常情况时才能投入运行，在冲击合闸前，差动、瓦斯等所有保护都必须投入跳闸，并记录其冲击合闸电流值。

变压器带额定负荷后要由专责人员测三相电流的向量图，绘制出六角图形。

第三节 变压器的投运和退出

变压器的投运和停运操作，应严格遵守运行操作制度的规定，参见本教材有关运行制度的规定。

运行操作的总要求是：必须根据电网值班调度员或电站值班负责人命令，受令人复诵无误后，写好操作票，按倒闸操作要求进行操作。

一、变压器的试运行

变压器首次带负荷运行前，必须经过零起升压及空载运行，然后必须经过至少 5 次的空载冲击合闸试验，停电检查合格后方能带负荷正常运行。

变压器首次投入空载运行应从零起升压，逐渐将电压升到额定值。在升压过程中监视表计指示的变化，观察三相电压、电流是否平衡。升压到 1/2 额定值时，暂时停止升压，对变压器进行全面检查，均正常后再升压至额定值。在此过程中还要进行包括空载电流、空载损耗、变比等参数的记录检查。

空载运行无问题后，再做空载冲击合闸试验，经检查合格，并经技术主管确认，则可转入带负载试运行。在带负载运行中随变压器温度的升高，应陆续启动一定数量的冷却器。负载试运行一般从 25% 负载开始投运，接着逐步增加到 50% ~ 75%，最后满负载运行 2h，满负载后检查变压器本体及各附件均正常后结束。

另需注意：第一次带电后运行时间不应少于 10min，以便倾听变压器内部有无杂音。

正常发电时变压器的空载运行则仅仅是过渡到负载运行的一个短暂过程。

二、变压器的正常运行

变压器在正常运行情况下，它的投入和退出操作原则如下。

变压器一般装有断路器，变压器投入和退出需用断路器，对空载变压器也如此。

对小容量变压器如水电站中厂用变压器，若未装设断路器时，也可用隔离开关投入或退出空载变压器（空载电流不超过 2A 为限），但须注意切断电压为 20kV 及以上变压器的空载电流，必须用带有消弧角和机械传动装置并装在户外的三联刀闸。若因条件限制三联刀闸必须装在户内时，则应在各相间装不易燃的绝缘物，使其三相互相隔离，以防止三相弧光短路。

变压器投入、退出时操作顺序为：退出时应先停负荷侧，后停电源侧，投入时应从电源侧逐级投入。[①]

在电源侧装隔离开关、负荷侧装断路器的电路投入变压器时，应先合电源侧隔离开关，再合负荷侧隔离开关，最后合负荷侧断路器。退出变压器时应先

① 仉云燕 .35kV 主变压器投运差动保护动作原因分析 [J]. 电子制作，2020（2）：97-98，48.

拉负荷侧断路器，再拉负荷侧隔离开关，最后拉电源侧隔离开关。

停运时间较长的变压器投运前须测量绝缘电阻并做油样简化试验，测量绝缘电阻时必须将高低压侧电源和连接的互感器断开，并同时断开接地的中性点。若变压器的绝缘电阻小于规定值时应报告技术领导人，以便决定是否投入运行。

新投或大修后变压器送电，重瓦斯先改投信号位置，应选择大电网电源进行全压充电试验；送电后，经 24h 运行放气正常后改投跳闸位置。

三、分接开关调整原则

无载分接开关调整时，按照调度命令，运行人员做好安全措施，由电试专责人员进行调整，必须拉开变压器各侧断路器及隔离开关，布置好安全措施后，方可进行调整。调整后，应注意三相分接位置一致，并测其线圈直流电阻值符合要求。

有载分接开关调整，可在运行中按照制造商的规定进行调整，调整后应检查控制屏上分头位置指示与现场实际分头位置指示一致。

第四节 变压器运行中的巡视和检查

变压器在运行中，要定期做好巡视和检查工作，一般每班 3 次，除通过各种测量仪表、信号指示等了解变压器的运行情况外，还要由运行人员在现场眼看、耳听、鼻闻，以发现仪表不能反映的问题，以便及时发现异常和缺陷并进行处理，从而保证电站的安全、可靠运行。

一、变压器正常运行中的巡视检查项目

变压器正常运行中的巡视检查项目包括如下内容：负荷电流是否在额定范围内；冷却用风扇或油泵及水泵运转是否正常；储油柜和充油套管的油位、油色是否正常，有无渗油、漏油；变压器的温度信号器指示正常，一般不大于 85 ~ 90℃；有载调压装置油枕油位应低于本体油枕油位；变压器声音无异常；外表清洁、完整，无遗留物；本体无渗油、漏油；呼吸器硅胶应完好，无受潮变色；瓦斯继电器内充满油；各引线松紧适当，接头无过热发红现象；冷却装置运行正常，油泵、水泵转动应均匀正常，油压和水压在允许范围内，风扇运转正常；瓷套管外部应清洁、无破损裂纹、无放电痕迹及其他异常现象；运行中的各冷

却器温度应相近，油温正常，管道阀门开闭正确；安全气道及保护膜应完好无损；瓦斯继电器内应无气体，继电器与储油柜间连接阀门应完整；如果是屋内变压器，则门、窗、门闩应完整；房屋应无漏水、渗水；照明和空气温度应适宜；有载调压装置分头现场与主控位置指示一致；主变负荷符合运行规定；主变中性点接地刀闸位置应符合运行要求；引线接头、电缆、母线应无发热现象；消防设施齐全、完整；变压器保护、测量仪表等二次部分检查；外壳接地良好；等等。

二、特殊巡视检查项目

变压器在特殊巡视过程中的检查项目包括如下内容。

过负荷时：监视负荷、油温、油位变化，接头无过热，冷却装置运行正常。

大风天气：引线摆动情况及有无搭挂杂物。

雷雨天气：瓷套管有无放电闪络，避雷器放电记录器动作情况。

大雾天气：瓷套管有无放电现象，重点监视污秽瓷质部分。

大雪天气：各接触点发热情况，有无雪水引起短路后果的危险。

短路事故后：检查主变及接头有无异状。①

根据变压器的构造特点，还应在现场规程中补充检查的项目。

三、定期检查工作

取油样化验并做耐压试验，必要时，取油样作色谱分析。

冬季取下避雷器做预防性试验。

停电时，用摇表测量线圈之间和线圈对地之间的绝缘电阻值，并与上次测量值比较（中性点接地时应先拉开接地刀闸）。

停电时，测各侧线圈直流电阻值（包括分接开关部分），并与上次测量值比较。

外壳和铁芯接地情况检测。

按规程规定，定期进行交流耐压等预防性试验。

冷却泵主用和备用的定期切换。

对停用时间比较长的备用变压器要按规程规定，定期充电，防止受潮，并测绝缘电阻值。

① 王小刚．变压器投运前的检查和运行中的巡视 [J]. 农村电工，2015，23（8）：36-37.

第五节 变压器的故障和事故处理

变压器故障的种类多种多样，变压器投运时间各异，所经历的过电压、过电流以及维护使用情况都不尽相同，故障发生的趋势亦不同。

一、常见的故障

变压器的常见故障包括：①绕组绝缘老化；层间或匝间短路；局部过热；绝缘受潮以及短路造成的机械损伤等。②铁芯（磁路）芯片间绝缘老化；穿芯螺丝或轭铁碰接铁芯；压铁松动引起振动或音响异常；接地不良导致间歇放电；芯片叠装不良造成铁损增大等。③分接头接触不良引起局部过热；分接头之间因污物而造成相间短路或表面闪络。④变压器油受潮，油化验不合格。⑤冷却系统故障，风扇或油泵、水泵出现异常，或冷却水进入油中。⑥油箱漏油；油温计失灵；防爆管发生故障等。

因为变压器的故障不是某一方面故障的直观反映，它涉及诸多因素，有时甚至会出现假象，由故障到损坏，常会有一个渐变的过程，因此运行值班人员只有在掌握一定的理论基础上积累大量的实践经验，仔细观察分析故障现象，仔细倾听异常声音，分析油化验结果，并充分了解变压器过去及现在的实际运行状态，进行分析和诊断，才能准确可靠地找出故障原因，判明事故性质，提出较完备的合理的处理办法，使故障尽快得到消除。在此主要说明运行人员值班时如何处理发生的事故，以维持其他正常设备的连续安全运转，设备内部缺陷检修工作不在此赘述。

二、异常运行情况及事故处理

变压器出现故障及事故时，变压器的继电保护装置动作，如温度升高故障，会自动发出故障信号，光字牌也会亮或有语音提示；内部故障，差动保护会动作（差动保护范围内的母线等故障差动保护也会动作）；内部严重故障时，瓦斯保护会动作；外部短路故障时，作为后备保护的过流保护会动作。对于不能引起继电保护动作的异常情况，如吸湿剂的颜色变化、内部声音不正常、引出线接头接触不良而发热发黑等，运行值班人员要根据具体情况，按照现场运行规程及时报告或采取对策。

（一）主保护差动保护动作

1. 表现现象

差动保护动作光字牌亮，事故喇叭叫，事故语音提示（有计算机监控系统的水电站），各侧断路器事故跳闸。

2. 处理方法

运行值班人员在值长统一指挥下进行处理。

运行值班人员应做好事故记录。

查看信号继电器掉牌情况，不允许未经同意，个人去复归。

去变压器现场检查，有无发热、喷油和异味等。

对属于差动保护范围内的变压器外套管、母线、电缆头等进行检查，主要检查有无故障存在。

拉开各侧开关，做好安全措施，报告生产主管，通知检修专责人员到现场，协同对变压器内部进行绝缘及油化验等检测。①

经值长同意，两人在场，复归信号继电器掉牌。

没有查明原因之前，不准未经技术主管同意，随意判作误动而恢复送电。

（二）重瓦斯保护动作

1. 表现现象

重瓦斯保护动作光字牌亮，事故喇叭叫或事故语音提示（有计算机监控系统的水电站），各侧断路器事故跳闸。

2. 处理方法

运行值班人员应做好记录。

现场检查防爆膜是否损坏，瓦斯继电器内是否有气体。

如果瓦斯继电器内有气体，则停电后，做好安全措施，收取气体；如果气体能燃烧，则报告主管，并通知检修专责人员。

其他参见差动保护处理的一般处理原则。

（三）轻瓦斯保护动作

1. 表现现象

轻瓦斯保护动作光字牌亮，故障电铃响，故障语音提示。

① 林小丽．浅谈电力变压器在运行时巡检及故障处理的方法 [J]. 建材与装饰，2017（25）：211-212.

2. 处理方法

运行值班人员应做好记录。

现场检查瓦斯继电器内有无气体，如果有气体，则停电后，做好安全措施，收取气体；如果气体能燃烧，则报告主管，并通知检修专责人员作内部检查。

如果气体不能燃烧，则放气后（也可能是新检修时内部混有空气引起）做好绝缘检查，经主管同意，复归掉牌，恢复送电。

（四）过流保护动作

过流保护动作作为差动等主保护的后备保护，一般装在电源侧，使变压器也处在保护范围内。

1. 表现现象

过流保护动作光字牌亮，事故喇叭叫，事故语音提示（有计算机监控系统的水电站），断路器延时事故跳闸。

2. 处理方法

运行值班人员应做好记录。

到现场对外部温度、油温、油位等进行检查，包括引出线检查。

联系电网调度员，外线有无故障，有无越级跳闸动作可能。

如果确认正常时，复归掉牌后，可以试送电一次。试送不成功时，则按差动保护动作处理。

（五）过负荷动作

1. 表现现象

过负荷动作光字牌亮，故障电铃叫，语音提示。

2. 处理方法

运行值班人员应做好记录。

检查电流表指示，如果确系过载，则联系调整减低负荷电流，并复归掉牌。

（六）零序过流保护动作

零序过流保护动作作为变压器接地故障的保护，同时作为高压系统侧系统中接地故障的后备保护（指中性点直接接地系统）。

1. 表现现象

零序过流保护动作光字牌亮，事故喇叭叫，事故语音提示（有计算机监控系统的水电站），各侧断路器延时事故跳闸。

2. 处理方法

运行值班人员做好记录。

检查变压器及引出线有无接地现象。

询问电网调度员，系统有无接地故障。

如果确认变压器及引出线等没有接地故障，则复归掉牌后，试送电一次；如果不成功，则通知检修专责人员来检查变压器本身，并与调度联系。

（七）声音异常处理

变压器运行时，电流通过铁芯产生交变磁通就会发出“嗡嗡”的均匀电磁声，声响的强弱正比于运行电压和负荷电流的大小，这是变压器正常运行的声响。如果出现其他的“噼啪”放电声响，则说明变压器出现了故障。于是应立即报告，现场确认并分析，及时通知检修专责人员到现场停电检查处理。

（八）套管故障

1. 表现现象

套管破损、裂纹、闪络和漏油。

2. 处理方法

运行值班人员做好记录，加强检查监视，立即报主管，选定时机，申请停电处理。

（九）冷却系统故障及处理

1. 表现现象

风扇或油泵及水泵停止运转，或运转不正常。

2. 处理方法

运行值班人员检查确认后，按现场运行规程规定处理，并适当降低变压器负荷。

做好记录。

检查其电气回路是否完好，熔断器是否熔断，开关是否跳闸。

立即报告并通知检修专责人员处理。

（十）油温升高并报警

1. 表现现象

温度升高光字牌亮，故障电铃叫或语音提示。

2. 处理方法

到现场检查确认温度升高值，先检查负荷是否过载及冷却系统是否故障。

温度指示有无假象。

记录并报告，查明原因及时处理。

（十一）防爆管向外喷油

防爆管向外喷油的处理方法如下：①立即报告并将变压器停电；拉开各侧开关。②通知检修专责人员处理。③先将其与运行设备隔离。④立即报告电网调度员。

（十二）变压器看不到油位或油质变黑、碳化

变压器看不到油位或油质变黑、碳化的处理方法如下：①报告并现场再次确认。②先降低负荷。③申请停电由检修专责人员处理。

（十三）变压器着火事故

变压器着火事故的处理方法如下：①立即断开着火变压器各侧开关、刀闸及冷却风扇等电源，并报告生产主管。②根据火灾情况速拨 119 火警电话，向消防单位汇报着火单位、位置、地点和火灾性质。③迅速报告电站领导，组织人员采用干粉灭火器灭火，不得已时，可取用防火砂灭火。④若顶盖上部着火，立即打开变压器事故放油阀排油，并疏通堵塞的排油池以便排油。⑤若变压器内部故障引起着火，则不能放油，以防变压器爆炸。⑥灭火中，应先将起火的变压器与运行设备隔离，防止造成运行设备短路接地。⑦对外来协助救火人员，应交代安全注意事项，防止造成人员触电伤亡及意外情况发生。

第三章 电气设备的运行与管理

第一节 电气设备投运前的检查和试验

电气设备的种类很多，除断路器和隔离开关外，还有电流互感器、电压互感器、避雷器、熔断器及大量的低压电器。

一、高压断路器投运前的检查和试验

按所使用的灭弧介质的不同，高压断路器可分为油断路器、六氟化硫断路器、真空断路器和空气断路器等。其中油断路器、六氟化硫断路器、真空断路器为水电站常用断路器种类。高压断路器则是电力系统一次设备中非常重要的工作设备，也是电力系统里重要的操作电器，与它连接控制的一次电路，在正常负荷投入或转移时，能够准确地断开或合闸，也可以由运行值班人员进行远方控制操作。当设备（发电机、变压器、电动机等）出现故障或母线、输配电线路出现故障时，在继电保护及自动装置的启动下（无须运行人员干涉），可自动迅速可靠地将故障的设备或线路切除，使之与非故障部分隔离，从而保证非故障部分继续安全运行，以保障电网安全。低压 400V 的空气断路器也有上述作用。

高压断路器投运前的检查和试验主要包括以下内容：①检查投运前断路器分、合闸机械指示器是否处于“分”位置，断路器两侧隔离开关是否都处于断开位置。②断路器及套管是否清洁、无裂纹、缺损及有无放电痕迹。③断路器外壳接地线是否紧固、接触良好。④断路器分、合闸机械位置指示器是否指示正确；其分合位置与断路器实际分合状态是否相符合；各部机械零件是否正常、有无损坏现象，机械闭锁销子是否打开。⑤各元件接触紧固且良好，螺丝无松动，小车插头应正常。⑥断路器操作机构各部销子无断裂或脱离，跳闸弹簧无断裂，弹簧缓冲器或油缓冲器应清洁、固定牢靠、油量充足、动作灵活无卡阻现象，缓冲作用良好，辅助开关动作应准确可靠，接点无电弧烧损现象。⑦断路器各相绝缘电阻值应符合规定：一般 3 ~ 10kV 用 1000V 摇表测量，不小于 300MQ。⑧每相导电回路直流电阻值合格，如 SN1-10 为 95μΩ。⑨操作回路熔断器电流值符合设计值。⑩拉、合闸操作试验和保护模拟跳闸试验合格。⑪油漆应完整，

相色标志正确。⑫二次回路的导线和端子牌完好。⑬若为高压油断路器，则还须检查油面应在标准位置，既不超过最高线，也不低于最低线；油色透明无杂质，油标玻璃管及油箱外部清洁无渗漏油；确认油化验合格，油耐压试验合格。⑭若为真空断路器，则要检查其灭弧室真空度，并符合要求。⑮若为六氟化硫断路器，则要检查其密封良好，无漏气和潮气侵入现象，气体压力值和六氟化硫气体质量应符合产品技术要求。⑯确认其他电气试验项目、标准合格。

另外，对操作机构主要检查以下内容：①操作机构应固定牢固，外表清洁完整。②电气连接可靠且接触良好。③液压系统无渗漏油，油位正常、空气系统无漏气、减压安全阀动作可靠、压力表指示正确。④操作机构与断路器的联动正常，无卡阻现象，手动跳闸脱扣机构应动作灵活。⑤机构箱的密封垫应完整，电缆管口、动口应予以封闭。

二、高压隔离开关投运前的检查和试验

隔离开关与断路器不同，它结构简单，没有灭弧装置，不能用来接通和断开正常的负荷电流，更不能自动切断故障的短路电流。它的主要作用只是将高压设备装置中需要检修的部分，如发电机、变压器、输配电线路等，与其他带电部分可靠地隔离。检修工作人员可以安全进行作业，而不影响其余带电部分照常送电运行。

高压隔离开关投运前的检查和试验主要包括以下内容：①隔离开关的触头应接触紧密良好，动静触头无脏污、杂物，压紧弹簧和铜辫子无断股和损伤现象。②瓷瓶和连接拉杆无断裂现象，操作机构各连接部分销子牢固可靠、无脱落现象，动作灵活可靠。③闭锁装置应良好，电锁销子在正确位置。④油漆应完整，相色标志正确。⑤带接地刀的隔离开关联动可靠，接地刀接地应良好。⑥相间距离。分闸时，触头打开角度和距离应符合规定；合闸时，三相同期性要符合规定。⑦电气试验项目及标准合格。

三、互感器投运前的检查和试验

电力系统往往采用高电压、大电流回路将电能送往用户，大电流高电压无法用仪表直接测量。互感器的作用就是将高电压、大电流变成低电压、小电流。其中变换电压的为电压互感器，变换电流的为电流互感器。

电压互感器，按绝缘方式分为干式、浇筑式、油浸式和充气式等形式；按

安装地点分为户内式和户外式两种。

电流互感器，按绝缘方式分为干式、浇筑式和油浸式等形式；按安装地点分为户内式和户外式两种；按整体结构和安装方式分为穿墙式、支持式和套管式等。一般浇筑式电流互感器广泛用于35kV及以下户内，油浸式电流互感器用于35kV及以上户外。

应特别指出的是，不同准确度等级的互感器用于不同的场合，一般0.2级、0.5级常与计费用电度表连接；1级互感器与监视用指示性仪表连接，3级和10级与继电器配合使用，D级电流互感器专用于差动保护。同一台互感器在不同的准确度级下使用，互感器二次所带负载容量不同，精度要求越高，二次所能带的负载容量越小。

（一）电压互感器投运前的检查内容

电压互感器周围应无影响送电的杂物。

电压互感器一次侧高压熔断器外部正常，用万用表检查导通良好。

电压互感器各部位接触良好，无松动现象。

电压互感器及其绝缘子无裂纹、脏污或破损现象。

电压互感器油漆应完整、相色应正确，外壳接地应牢固良好。

电压互感器附属设备及回路良好，无异常或缺陷。

油浸式电压互感器油位正常、油色透明不发黑，无渗油、漏油现象，硅胶颜色正常。

确定电压互感器高、低压侧相位正确。

检查确认电气试验项目、标准合格。

（二）电流互感器投运前的检查内容

电流互感器周围应无影响送电的杂物。

电流互感器一次、二次接线正确牢固，各部位接触良好，无松动及损坏现象。

电流互感器外部清洁无锈蚀，其绝缘子无裂纹、脏污或破损现象。

电流互感器外壳及二次回路一点接地良好，接地线应紧固可靠。

电流互感器附属设备及回路良好，无异常或缺陷。

充油电流互感器外观应清洁、油量充足，无渗漏油现象。

二次回路中的试验端子接触牢固，无断开现象。

油漆应完整，相色应正确。

检查确认电气试验项目、标准合格。

四、绝缘子、母线和电缆投运前的检查和试验

母线和电缆均为导体。母线是裸露的、无绝缘外衣的导体，而电缆则是穿了绝缘外衣的导体。绝缘子主要用来支撑和固定母线（带电裸导体），并使之与地绝缘。

（一）绝缘子投运前的检查和试验

绝缘子（又称为瓷瓶）是用来固定和支持带电裸导体，并保证裸导体的对地绝缘及其在短路电流通过时的稳固性。绝缘子应具有足够的绝缘强度和机械强度，并能耐热、耐潮。

电站中的绝缘子又分为支持绝缘子和套管绝缘子两种，支持绝缘子仅起绝缘和支撑的作用，而套管绝缘子又称为穿墙套管，它用于高压配电装置的带电导体穿过与其电位不同的隔板或墙壁处，套管绝缘子外部瓷件起绝缘与支撑作用，其内部有载流芯柱，电流从载流芯柱通过。

户内支持绝缘子分内胶装、外胶装、联合胶装 3 种，户外绝缘子分针式和棒式两种；套管绝缘子有户内、户外及普通型、高原型之分，其载流芯柱有铜、铝之分，导体截面有矩形、圆形之分。

电器绝缘子用于固定电器的载流部分；可分为支柱绝缘子和套管绝缘子，支柱绝缘子用于固定没有封闭外壳的电器载流部分，如支持隔离开关的动、静触头；套管绝缘子用于将有封闭外壳的电器（如多油断路器、变压器等）的载流部分引出外壳，它有单一绝缘套管（如纯磁套管和树脂套管）、复合绝缘套管（如充油套管、充胶套管和充六氟化硫气体套管等）、电容式套管等类型。

线路绝缘子用于固定电力架空线路的导线和屋外配电装置的软母线，并使其与接地部分绝缘。其中高压线路用的有针式、盘形绝缘子和瓷横担等，低压线路用的有针式、蝶式、线轴式绝缘子和布线用瓷绝缘子等。

支持绝缘子的主要技术指标有额定电压和抗弯破坏负荷能力等，套管绝缘子的主要技术指标有额定电压、额定电流及抗弯破坏负荷能力等。

新绝缘子投运前检查项目包括以下内容：①瓷件、法兰应清洁、完整、无破损及裂纹，胶合处填料完整。②安装牢固，紧固件齐全。③套管接地端子应可靠接地。④充油套管无渗漏，油位指示正常。⑤进行泄漏距离检查。⑥电气试验各项目合格。

（二）母线投运前的检查和试验

母线在配电装置中起着分配和汇集电能的作用。

母线可分为软母线和硬母线两种，软母线主要用于110kV及以上的屋外配电装置，通常用的是钢芯铝绞线。硬母线按截面形状不同分为矩形、槽形、实心圆梗和管形等，一般35kV及以下屋内配电装置大都采用矩形母线，而35kV以上屋外配电装置，为减少电晕，大都采用钢芯铝绞线或管形截面母线。

矩形母线用金具固定在支柱绝缘子上，当母线长度超过20m时，要加装与母线同材料的伸缩补偿器以防热胀冷缩而造成连接不好。

屋内硬母线及屋外母线桥安装完毕后均要涂漆，既为识别相序或极性，又为增加辐射、散热和防腐能力，三相交流硬母线A、B、C分别要漆上黄色、绿色和红色，不接地的中性线涂白色，接地的中性线涂紫色；直流母线正极涂褐色，负极涂蓝色。

母线的主要技术指标有截面积大小及其对应的额定载流量等。母线投运前的检查项目：①检查三相交流硬母线A、B、C分别要漆上黄色、绿色和红色，不接地的中性线涂白色，接地的中性线涂紫色；直流母线正极涂褐色，负极涂蓝色。②金属构件的加工、制作、焊接、螺栓连接和安装良好。③母线涂漆防腐符合要求。④螺栓固定的母线搭接面应平整，各部螺栓、垫圈、开口销、线夹等零部件应齐全可靠。⑤母线的配置及安装架设符合规定，连接正确，螺栓紧固，接触可靠；相间及对地电气距离符合规定；软母线的弧垂度应符合要求。⑥瓷件、软件及胶合处完整。⑦各电气试验项目合格。

（三）电缆投运前的检查和试验

电缆是传送和分配电能的一种非裸露的特殊导线，具有防腐、防潮、防损伤、不易发生故障、布置紧凑等优点，但它具有散热差、载流量小、有色金属利用率低、价格贵，一旦故障查找和修复较困难等缺点。一般在不易架设母线时才使用电缆。

按所使用的绝缘材料不同分为油浸纸绝缘、聚氯乙烯绝缘、交联聚乙烯和橡皮绝缘等几种。油浸纸绝缘包括黏性油浸纸绝缘电缆和不滴流油浸纸绝缘电缆，这两种电缆除浸渍剂不同外，结构完全相同，广泛用于35kV及以下电压等级。10kV及以下多芯电缆常用一个金属护套，称为统包型。20 ~ 35kV电缆，若每个绝缘线芯都有铅（铝）护套，则称为分相铅（铝）包型，若绝缘线芯分别有屏蔽层，并共用一个金属护套，则称为分相屏蔽型。黏性电缆的浸渍剂在工作温度下会流动，故不宜敷设在落差较大的场合。不滴流油浸纸绝缘电缆则不受落差限制，而且工作温度可以规定得较高，且可提高其载流量。聚氯乙烯绝缘电缆适用于 6kV 及以下电压等级。交联聚乙烯电缆比聚氯乙烯电缆耐热性好，机械性能好，适用于 35kV 及以下电压等级。

为防潮气侵入电缆端部，造成绝缘下降，电缆线路中必须配置各种中间连接盒和终端接头盒（又名电缆头）。中间连接盒用于两段电缆互联，电缆头用于电缆与电机、电器、架空线路等设备的连接。电缆线芯导体的连接有很多方法，可焊接（钎接、熔焊、氩弧焊）、压接和机械螺栓连接等，要求连接点电阻小而稳定，具有足够的机械强度、耐电化腐蚀、耐振动。

电缆投运前的检查包括以下几个方面：①电缆规格应符合规定，排列整齐、沿支持物敷设电缆固定良好，无机械损伤。②电缆编号标志牌应齐全、正确、清晰。③电缆的弯曲半径与电缆外径的比值不超过标准，相序排列符合标准。④电缆终端、电缆接头及充油电缆的供油系统应安装牢固，无渗油现象，充油电缆油压及表计整定值符合要求。⑤外皮接地应良好。⑥电缆终端盒的连接正确，无滴油现象。⑦电缆支架等金属部件防腐层应完好。⑧电缆沟内应无杂物，盖板齐全，隧道内无杂物，照明、通风、排水设施应符合设计要求。⑨埋设地下电缆应标明坐标、部位与走向。⑩防火措施应符合设计要求，且施工质量合格。⑪滴油电缆最高与最低间高差不超过规定值。⑫电缆各项电气试验合格。⑬确认充油电缆的绝缘油试验合格。

五、常见低压开关电器投运前的检查和试验

水电站常用的低压开关电器有低压断路器、闸刀开关、接触器等，它们的额定电压均在 1000V 以下。不同的低压开关电器虽各自有特点，但其对安全有许多共同的要求，如电压、电流、断流容量、操作次数、温升等允许参数应符合要求，灭弧罩、灭弧触点、灭弧用绝缘板等灭弧装置应完好；防护、连锁装置应可靠完善，安装牢固，方便操作，最小安全净距符合要求，本体及附件无变形和损伤；触点接触紧密，接触压力足够，各极动作同时性达标；不带电金属部分接地或接零良好；绝缘电阻符合要求等。

（一）低压断路器投运前的检查和试验

低压断路器又名自动空气开关或自动开关。它适用于不频繁地通断电路或启停电动机，并能起过载、短路和失压保护作用，是低压交、直流电路中性能最完善的低压开关电器。

按结构不同，低压断路器分为塑料外壳式断路器（DZ 系列）和万能式断路器（DW 系列）两大类，DZ 系列额定电流较小而且等级较少，DW 系列额定电流大而且等级较多。

低压断路器投运前检查的具体项目有：①低压断路器周围无影响送电的杂物。②接线端子与连接导线应紧固，其他连接部件无松动，接触良好。③低压断路器本体及附件均无异常，灭弧装置完好。④用 500V 摇表测量，主回路及控制回路的绝缘电阻不低于 0.5MΩ。⑤断路器内不应有多余的线头、小螺钉等导电物，绝缘距离要保证。⑥各保护装置动作正常，整定值符合要求。⑦控制部分动作正常，分、合闸符合要求。⑧合闸线圈和跳闸线圈及辅助触点检查试验合格。⑨各项电气试验合格。

（二）低压闸刀开关投运前的检查和试验

闸刀开关是一种最简单的低压开关，它只能手动操作，所以适合于不频繁的通断电路，但不能开、断短路和过载电流。

低压闸刀开关投运前检查的具体项目有：①低压闸刀开关周围无影响送电的杂物。②母线与闸刀开关接线端子连接部分无松动，接触良好可靠，灭弧室安装牢固。③低压闸刀开关本体及附件、操作手柄等均无异常，触刀接触情况良好，操作机构动作灵活。④各项电气试验合格。

（三）低压接触器投运前的检查和试验

接触器是用来远距离通断负荷电路的低压开关，广泛用于频繁启动和控制电动机的电路。接触器本身无保护装置，但它可以与继电保护或回路熔断器配合来开、断短路电流；与热继电器一起组成磁力启动器来切除过负荷电流，与继电器配合实现自动控制。

低压接触器投运前的检查项目有：①接触器周围无影响送电的杂物。②各导电连接部分无松动，接触良好。③接触器线圈、各对触点及附件等均无异常。④触点无毛刺，接触紧密。⑤控制回路动作正常。⑥各电气试验合格。

六、熔断器投运前的检查和试验

熔断器是最简单的保护电器，它实际是在电路中人为地设置了一个最薄弱的易熔断的金属元件，当电路发生短路或连续过负荷时，元件本身过热达到熔点而自行熔断，并切断电路，使电气系统和设备得到保护。

熔断器有高压和低压之分。高压熔断器常用于保护高压输电线路、电压互感器和电力变压器。低压熔断器常用在低压配电装置及厂用机械设备的电路中。按熔体动作特性熔断器又分为固定式和跌落式，按其工作特性分为有限流作用和无限流作用的熔断器。

水电站户外内配电装置常用的是固定式限流型的熔断器，如 RN_2 型、电流为 0.5A 的熔断器常用于水电站户内电压互感器的保护，110kV 及以上电压互感器一般不用熔断器保护，仅接隔离开关。110kV 以下户外配电装置常用的有跌落式非限流型和限流型的熔断器，如 RW10-35、RXWO-35 型为限流型，其额定电流为 0.5A 的常用于水电站户外电压互感器的保护。

熔断器投运前的检查项目有：①熔断器额定电流大小及最大允许电流大小符合设计要求。②熔断器周围无影响送电的杂物。③各导电连接部分无松动，接触良好。④安装牢固，具有足够的接触压力。⑤熔断器外壳无裂纹、破损。⑥熔体及附件等均无异常。

七、高压开关柜、低压配电屏投运前的检查和试验

配电装置是由前面所述的开关电器、载流导体和必要的辅助设备组成的电工建筑物。

高压开关柜、低压配电屏是将同一回路的开关电器、测量仪表、保护电器和辅助设备都组装在全封闭或半封闭的金属柜、屏内。要使高压开关柜、低压配电屏能保证安全可靠运行，除屏、柜内的电器正常可靠外，屏、柜本身也要符合要求，要有防止误操作的防护装置，如隔离开关与断路器间的闭锁装置等。

（一）高压开关柜投运前的检查试验

柜内电气元件型号、规格与图纸相符。

柜应固定可靠，盘、柜漆层完好、清洁、整齐。

外壳接地可靠。

一次、二次配线与图纸相符，接线应准确，固定牢固可靠，紧固螺钉、销钉无松动、脱落现象，标志齐全。

手车式开关柜将手车推到试验位置并锁紧后进行试验，应无异常，后使断路器断开，解锁后将手车推进至工作位置并锁紧，可把断路器断开，照明完好。

盘、柜及电缆管道安装完毕后已做好封堵。可能结冰的地区还应有防止结冰措施。

操作及联动模拟试验正常，符合要求。

查验或确认各项电气试验合格。

（二）低压配电屏投运前的检查试验

屏内所安装电器型号、规格与图纸相符。

安装牢固可靠，清洁整齐，漆层完好，无剥落现象，开关电器各部分接触到位良好，母线连接良好。

刀开关、组合开关、断路器等操作机构均应动作灵活。

二次接线与图纸相符，接线牢固、整齐。

表计和继电器等二次元件连接正确。

仪表、互感器的变比及接线极性应正确。

保护电器的整定值、熔体额定电流正确。

辅助电路各元件的接点均符合要求。

外壳接地符合要求，标志明显。

抽屉式配电屏主开关的机械连锁应有效，电气连锁应可靠。

查验或确认各项电气试验合格。

第二节 电气设备运行中的巡视和检查

巡视检查是保证设备安全运行、及时发现设备缺陷和隐患的有效方法，每个运行值班人员均应认真地按制度规定进行巡视检查。

巡视检查设备时，思想必须高度集中，原则上每班对全部设备巡视检查不少于三次，一般交、接班时各一次，班间相对高峰时一次，但对刚投入运行的设备、跳闸后又投运的设备及隐患尚未消除的设备或气候异常情况下运行的设备应重点巡视检查或增加巡视次数。

巡视检查设备时要遵守巡视的有关规定，一般由两人进行。注意保持人体与带电体的安全距离，防止人身触电；同时要眼看、耳听、鼻嗅，禁止在巡视中手动设备。

一、高压断路器运行中的巡视和检查

高压断路器在运行中的检查周期为交、接班时一次；早晚最大负荷时各一次；每 5 天进行一次夜间检查，以便在黑暗中检查有无放电现象；特殊情况安排机动性检查（如雨、雪天气，自动跳闸后合闸前，检修合闸后等），在断路器故

障跳闸后应对它进行特殊巡查，并记录跳闸连续次数，以便决定是否检修，并做好记录。

（一）油断路器的日常巡视检查项目

检查各部瓷件无裂纹、破损，表面无脏污、放电现象。

检查各电气连接点无过热变黑现象。

断路器油位、油色正常，无渗、漏油现象。

操作机构连杆无裂纹、螺丝无松动现象。

操作机构分合闸指示与操作把手位置正常。

手车式断路器还应检查闭锁装置良好、位置正确、活动端子排接触良好及连锁杆正直。

使用液压操作机构的断路器应特别检查液体压力在规定范围内，外部通道应无漏油、漏气现象，电机电源回路完好，油泵启动次数应在规定范围内。

电磁式操作机构应检查直流分合闸线圈有无焦味、冒烟及烧伤现象。

弹簧式操作机构应检查其弹簧状况，当其在分闸状态时分闸弹簧应储能。

另外，油断路器在开断短路故障后，应重点检查油断路器有无喷油现象、油色及油位是否正常等；此外，还应检查断路器各部件有无变形及损坏、各接头有无松动及过热现象。

（二）真空断路器的日常巡视检查项目

断路器分合闸位置指示正确，与实际运行工况相符。

真空灭弧室无裂纹、无异常。

真空度正常，无漏气现象，无暗红色或乳白色辉光。

支持绝缘子无裂痕、损伤，表面光洁。

金属框架或底座无严重锈蚀或变形。

可观察部位的连接螺栓无松动，轴销无脱落或变形。

引线接触部位无过热变色现象，弛度适中。

（三）六氟化硫断路器的日常巡视检查项目

断路器分合闸位置指示正确，与实际运行工况相符。

壳体、操作机构及各类附件完整、不锈蚀、无损伤、开闭位置正确。

监视六氟化硫气体压力变化，特别注意监视因温度变化引起的压力异常；压力一般为 0.4 ~ 0.6MPa（20℃）。

无漏气、无异响和异臭味。

监视六氟化硫气体中含水量不得超过标准，注意定期测量六氟化硫气体含水量。

断路器外部瓷套无裂纹、破损及严重脏污、闪络放电现象。

断路器并联电容器无漏油现象且与灭弧室连接紧固。

接触端子无过热变黑现象。

使用液压操作机构的断路器应检查液压回路无渗、漏油现象，油压正常。

室外操作机构箱无进水、气泵无漏气、加热器工作正常、空气压力指示正常。

另外，对于六氟化硫全封闭组合电器，即GIS装置，变压器在外的一次高压设备全部装在充有六氟化硫气体的封闭金属壳内。运行巡视中注意两人同行，检查位置信号、触头、各种信号灯、六氟化硫气体压力、装置内声音等是否正常。

二、高压隔离开关运行中的巡视和检查

隔离开关在运行中的检查周期为交、接班一次，至少每5天夜间检查一次，以便发现有无电晕和放电现象。每次合闸前与拉闸后均应检查，在尘土多、结冰及大负荷时可临时增多次数。

巡视中应注意隔离开关触头位置是否正确到位，同时检查隔离开关的导电部分、绝缘部分、底座及操作机构的工作状态有无异常，具体为：①隔离开关动静接触紧密，触头无发热变色等异常现象。②绝缘子完整无裂纹，无电晕和放电现象。③操作机构，包括操作连杆及机械各部件应无开焊、损伤、变形、锈蚀，安装牢固。④闭锁装置应良好；隔离开关拉开后应检查电磁锁或机构闭锁的销子是否锁牢，辅助触点位置正确且接触良好。⑤动静触头接触良好且无脏污、杂物和烧痕，合闸后两触刀头应完全进入刀嘴内，在额定电流下，温度不应超过70℃。⑥压紧弹簧和铜辫子无断股和损伤。⑦动静触头消弧部位无烧伤、变形或锈蚀。⑧母线连接处无松动、脱落现象，传动机构应正常。⑨带地刀的隔离开关的三相接地刀闸均应良好。⑩在夜晚及雨雾天气应特别检查绝缘子及导电部分的放电现象。特别是当隔离开关通过短路故障后，应检查合闸状态的隔离开关是否接触严密、有无发热变色等异常现象，并检查隔离开关的绝缘子有无破损和放电现象。

三、互感器运行中的巡视和检查

互感器在正常运行中每隔4小时检查一次。

（一）电压互感器巡视检查

互感器外部清洁、各部螺栓牢固；瓷质部分清洁完整，无裂纹、无破损及放电痕迹。

油浸式电压互感器油位正常、油色透明不发黑且无渗、漏油现象。

正常运行时本体无烧损现象，无振动、无杂音和放电声且无异常气味。

当外部线路接地时更应注意该母线上的电压互感器声响是否正常，有无焦臭味。

电压互感器二次接地应牢固良好，且电压互感器一次中性点应可靠接地。

电压互感器一次、二次回路接线牢固，各接头无松动、发热和变色现象；电压互感器一次、二次熔丝完好。①

二次侧不允许短路。

吸湿剂颜色正常。

一次侧隔离开关接触完好且电压表三相指示应正确。

（二）电流互感器巡视检查

电流互感器各部接线正确，接头紧固、无松动，无放电打火及过热现象。

二次侧无开路现象，接地线应良好，无松动和断裂现象。

电流互感器应无异常气味且运行声音正常。

瓷质部分应清洁完整，无缺损、裂纹及放电现象。

充油电流互感器的油面、油色应正常，无漏油、渗油现象。

干式电流互感器应无潮湿现象。

电流表的三相指示值是否在允许范围内，电流互感器有无过负荷运行。

另外，在异常天气应重点检查室外互感器有无杂物、结冰、放电等现象，并增加检查次数。

四、导体及绝缘子在运行中的巡视和检查

导体与绝缘子的检查可在每次检查其他配电设备时同时进行。

（一）硬母线巡视检查

巡视检查硬母线时，主要查看有无明显松动或振动，各接头有无发热变黑现象，具体如下。

① 罗长发，张才伟，张鑫，等．电气设备在变电运行中的监控及异常诊断探究 [J]. 中国设备工程，2024（3）：168-170.

母线各部接头温度不超过允许值，一般允许值为 70℃，最高为 80℃（过去用试温蜡片，现可用远红外测温仪，但是要遵守使用规定）。封闭母线最高允许温度 90℃，外壳最高允许温度 60℃，母线接头允许温度不大于 100℃。

检查母线上有无积灰、脏污，表面相色漆应清晰明显，无开裂、起层、变色现象，各部位试温片无熔化。

螺栓连接的接头应拧紧，垫圈齐全（停电检查时，0.5mm 塞尺局部塞入深度不超过 5mm）；焊接接头无裂纹、烧毛现象；铜铝搭接的母线接头无锈蚀现象。应特别注意：①母线伸缩节两端接触良好，能自由伸缩，无断裂现象；②运行中无较大的振动声；③检查母线连接用绝缘子及套管清洁完好，无开裂，绝缘良好。

（二）软母线巡视检查

巡视检查软母线时，主要查看有无断股、摆动及发热现象，具体如下。

母线清洁，表面应无断股和松股现象，光滑整洁，颜色正常，无发热、变色、锈蚀、变形、损伤或闪络烧伤。

运行中无严重的放电声响和成串的荧光，导线上无搭接的杂物。

母线无过紧过松现象，无剧烈摆动现象。

高温大热天时弧垂是否适宜。

母线的连接部位应紧固，无锈蚀、断裂、过热现象。

耐张绝缘子串连接金具应完整良好。

各种线夹和线夹上钢质镀锌零件无损坏。

检查绝缘子串上无积灰、脏污、裂纹，各部件开口销、销子齐全无损坏。

（三）电力电缆巡视检查

电力电缆在运行中主要应监视电缆的负荷不得超过其额定电流，同时应监视电缆的温度，不准超过规定数值。高压电缆在运行中，禁止值班人员用手直接触试电缆表面，以免发生意外。

巡视检查中应注意如下内容：①电缆各部分无机械损伤，电缆外层钢铠无锈蚀现象，无漏油、漏胶现象，金属屏蔽皮接地良好。②电缆终端头的接地线接触良好。③电缆芯线与所连接设备的接触良好，无发热及脱焊现象，电缆温度不得超过允许值。④电缆终端头及其瓷套管应完整、干净，无裂纹及放电现象。⑤电缆终端头无漏油现象。⑥电缆终端头绝缘胶足够，无水分、裂纹、变质及空隙。⑦电缆铅包无腐蚀现象。⑧检查充油式电缆油压是否正常。⑨电缆隧道及电缆沟内支架必须牢固，无松动或锈烂，接地良好。⑩检查电缆无异味。

（四）绝缘子巡视检查

绝缘子在运行中发生的一些不正常现象，如瓷件发生裂纹、掉块、放电等，只要仔细观察，缺陷是可以被发现的。

巡视检查中应注意如下内容：①绝缘子表面清洁、无杂物，无严重脏污现象。②绝缘子无破损、表面无裂纹。③金具是否有生锈、磨损、变形情况，开口销、弹簧销有无缺损情况。④仔细倾听绝缘子有无放电声响，夜间应熄灯观察有无闪络放电现象，有闪络痕迹应做好记录，待停电后进行处理。⑤检查支持绝缘子铁脚螺丝有无丢失。⑥气候异常时还应进行特殊检查。

五、低压断路器运行中的巡视和检查

低压断路器在运行中应检查以下内容：①检查断路器与母线及出线的连接点应无过热变黑现象，触点应无过热及烧伤痕迹。②监听断路器运行中有无异常声音。③消弧罩应完好，无喷弧痕迹和受潮、破裂和松动现象。④检查传动装置与相间绝缘主轴的工作状态，传动机构有无变形、锈蚀；销子连杆是否完整、无断裂现象；操作手柄是否良好；相间绝缘主轴有无裂纹，表层有无剥落、有无烧痕和放电现象；机构是否传动正常；分合闸状态与辅助触头所串接的指示灯信号是否相符。⑤对电动合闸的断路器检查合闸电磁铁及电动合闸机构良好，跳合闸线圈无焦味、冒烟和烧伤现象。⑥定期检查各脱扣器的电流整定值和延时，对半导体脱扣器应定期用试验按钮检查其动作情况，如辅助接点有无发黑等现象。⑦检查断路器的正常最大负荷是否超过断路器的额定值。⑧机械挂钩良好，储能机构良好。

六、低压刀开关运行中的巡视和检查

低压刀开关在运行中应检查以下项目：①负荷电流是否超过刀开关的额定值。②触头和刀开关接触处有无过热现象。③触头有无烧伤现象，灭弧装置是否清洁完好，触头接触应紧密良好。④绝缘连杆、底座无损坏和放电现象。⑤操作机构动作灵活，分、合闸位置到位，各机械附件均正常。⑥所带熔断器是否完好，熔体额定电流是否与负荷相配，能否起保护作用。

七、交流接触器运行中的巡视和检查

交流接触器在运行中应检查以下项目：①最大负荷电流不超过接触器的额定电流。②接触器各紧固件无松动脱落现象，无过热现象。③触头系统工作应良好，电磁铁吸力正常，无错位现象。④灭弧罩及内部附件完好，无烧损、变形现象。⑤内部无异常声响，如放电声、电磁噪声。⑥接触器线圈温升不应超过65℃，无过热、老化现象。⑦接触器的分、合信号指示应与电路实际状态相符。⑧接触器周围通风应良好，无导电尘埃、无振动源。

八、熔断器运行中的巡视和检查

熔断器本体的巡视检查项目基本与隔离开关相同，具体如下：①检查负荷情况是否与熔体的额定值相配合。②检查熔断器外观无破损、变形现象，瓷绝缘部分无破损和闪络放电痕迹。③检查熔丝管与插座的接触处无过热、变色现象。④对有信号指示的熔断器，检查其熔断指示是否保持正常（指示器未跳出或通过检查电压互感器二次侧指示是否正常判断）。⑤载流部件各接头接触良好，底座无松动现象，卡片弹力适当，不得过紧或过松，以免不易跳开或自动脱落。⑥熔断器在每次熔断后应检查熔体管，若烧坏应更换新的。

另需注意，要按规定定期更换熔体和熔体管，更换熔体时不应任意采用自制熔体，不可利用低压熔体代替高压熔体，以免引起非选择性动作等故障，破坏正常供电。一般情况下，不应带负荷操作跌落式熔断器；分断操作时要先拉跌落式熔断器中相，再拉下边相，最后拉上边相，合闸时顺序正好相反；操作时应戴绝缘手套和护目镜，且不得用力过猛。

九、高压开关柜运行中的巡视检查

高压开关柜运行中的巡视检查包括如下项目：①断路器和隔离开关间连锁装置是否正常（有故障时，停电后另由专责人员对电磁锁装置检查）。②母线和连接点是否过热。③断路器油位是否正常，油色是否变深、有无渗油、漏油现象。④柜内各元器件无异常（异响和气味）。⑤仪表、信号灯等指示正确，继电保护压板位置正确；继电器及直流设备运行良好。⑥接地、接零装置连接线无松脱和断线现象，通风、照明、防火装置正常。

十、低压配电屏运行中的巡视检查

低压配电屏运行中的巡视检查包括如下项目：①屏内电器元件干燥、清洁，各部接线牢固，无松动现象，接地可靠。②开断元件及母线是否有温升过高或冒烟、异响、放电等异常现象。③断路器主触头表面有无烧损现象，开关电器的辅助接点动作应完好。④各继电器整定值应符合要求。⑤按钮动作灵活可靠。⑥抽屉内一次、二次插件插接可靠，抽屉进出灵活，无卡阻现象，抽屉闭锁装置可靠。

第三节 直流系统及设备的巡视和检查

一、直流系统组成

在发电厂和变电所中，供给二次回路的直流电源称为操作电源。操作电源的作用主要是供电给控制、保护、信号、自动装置回路以及操动机械和调节机械的传动机构；在交流厂用电源中断时，供给事故照明，向交流逆变电源装置供电等，所以操作电源必须充分可靠并具有独立性。

目前，水电站操作电源多采用蓄电池直流操作电源。直流电源及其装置构成水电站的直流系统，其装置一般是免维护固体胶状铅酸蓄电池加可控硅高频充电装置及各种测控、保护、信号单元，相比于其他操作电源，它具有体积小、功能全、可靠性高、操作简便、维护工作量小等优点。

如 GZDW-I-21 型智能微机直流电源装置，由一组免维护固体胶状铅酸蓄电池、单母线、两台可控硅高频充电装置组成。两台充放电装置均有浮充、均充、逆变放电等功能，且互为备用。

免维护固体胶状铅酸蓄电池相比于以前的液体状防酸隔爆性铅酸蓄电池，除了采用特制的软固体状的硅凝胶电解质代替原来的硫酸电解液外，其他工作原理基本相同。

胶体蓄电池用的电解质是由纯净的硅溶胶和一定浓度的硫酸混合配制而成，其中添有多种有用元素，对提高容量、增强稳定性、减少自放电等有明显效果。结构上采用特制单向安全阀、保湿层保护阴极不被氧化，降低水耗、减少自放电。

胶体蓄电池具有电压高，容量足，稳定可靠，无渗液，无溢酸，自放电小，寿命长，耐热、耐寒性好，维护量小等优点，且无须像以前的液体防酸隔爆性铅酸蓄电池那样单独布置在专门的蓄电池室，胶体蓄电池直接布置在直流屏中即可，故现在广泛应用于电厂、变电所直流系统中。

蓄电池是直流系统的主要设备，它的主要技术参数为蓄电池的额定容量Qe，指的是蓄电池 10 小时放电到某一最小允许电压时所放出的电量，即放电电流安培数与放电时间小时数 10 小时的乘积，单位为安倍·小时（Ah）。①

蓄电池的运行方式有放电方式和浮充电方式两种。常采用浮充电运行方式，即先将蓄电池充好电，然后将浮充电设备和蓄电池并联工作，浮充电设备既给直流母线上的经常性负荷供电，又以不大的电流向蓄电池浮充电，用来补偿蓄电池由于自放电而损失的能量，使蓄电池经常处于满充电状态，延长了蓄电池的寿命。

发电厂、变电所的直流供电网络分布广，特别是要用很长的控制电缆与屋外配电装置相连，如断路器的操动机构、隔离开关的电锁等，较易受潮，因此容易引起直流回路绝缘水平下降，甚至会发生绝缘损坏而接地。当直流系统只有一极接地时并不构成电流通路，系统可以照常运行，但这样很危险。因为直流回路内若再有另一点接地时，就会导致信号、保护和控制元件的误动和拒动，从而破坏发电厂、变电所的正常运行。为能及时发现直流系统绝缘下降或一点接地现象，必须装设直流系统绝缘监视装置。

直流系统绝缘监视装置按直流电桥原理制成。它由信号和测量两个部分组成。当直流母线对地绝缘良好时，电桥平衡，绝缘监视装置不发信号。当某极的绝缘电阻下降时，电桥平衡被破坏，装置发出相应直流系统接地信号，可通过转换测量部分的控制开关和电压表检测正极对地、负极对地电压，从而判断哪一极绝缘下降或接地。

二、直流系统及设备的巡视和检查

直流设备担负着继电保护、自动装置、操作及开关的合闸电源，并供机组起励电源、试验电源、中控室直流照明及事故照明等电源，因此在任何情况下，即使用电中断也必须保证直流电源稳定、可靠和连续供电。所以，为保证直流系统投入运行后能安全可靠地工作，必须加强对直流系统的巡视检

① 杨健，翟新军，胥勇，等.储能电站直流系统故障与保护分析 [J]. 中国战略新兴产业，2022（12）：149-151.

查。

直流系统巡视检查主要项目如下：①直流母线电压应正常，浮充电流应适当，无过充电和欠充电、开路等异常情况。②蓄电池之间的连接良好，螺丝无松动，导线无腐蚀。③蓄电池本体无裂纹、脏污和破损现象，控制部分动作正常。④蓄电池应保持清洁干燥。⑤蓄电池应避免过放电。⑥电池安装扭矩值应符合规定。⑦电池裸露金属部分有活性，在工作时不要戴戒指或金属首饰，注意隔开工具。⑧三相交流输入电压，电流及主、备用电源工作良好。⑨充电机输出电压、电流及每只高频模块工作良好。⑩直流系统绝缘良好，即母线对地电压、绝缘电阻正常。

另需注意，蓄电池在出厂后放置时间超过两个月时，在使用前需进行补充充电；胶体蓄电池电解质一次性配置，使用中禁止加入酸液或碱液，若出现干裂现象，可加适量蒸馏水，以保持湿度；胶体蓄电池不通过测试比重判别电池容量，只需在负载情况下测试电池电压为额定电压的 110% ± 0.2V 即表明容量充足；蓄电池电压下降到低于额定电压的 87.5% 时，要及时充电，充至单个电池电压略大于 2V 以上，并连续保持 2h 内不变，方可停止充电；使用过的电池若暂时不用，则应将电池充足电后放在通风干燥的地方储存。

三、直流系统故障及事故处理

直流系统常见故障有高频直流电源控制系统故障、直流系统接地、蓄电池输出熔丝熔断等（有的直流系统只装闸刀开关，不装熔断器）。

（一）高频直流电源控制系统故障

表现现象：直流母线电压异常。

故障处理：将高频直流电源退出运行后，修复控制装置。

（二）直流系统导体连接处过热

表现现象：连接处过热。

故障处理：紧固、去氧化腐蚀并涂上导电膏。

（三）蓄电池输出熔丝熔断

表现现象：浮充电流表指示为“0”。

故障处理：检查回路有无明显故障点，若没有，拉开直流开关，更换同容量熔丝，再合上直流开关，观察是否正常。

若熔丝再次熔断，则将直流开关拉开，把蓄电池退出运行，仔细检查各个蓄电池。

（四）电池过充

表现现象：充电时电压上升少甚至不变。

故障处理：检查故障原因，若为蓄电池内部短路引起，则排除短路点；若为熔断器熔断造成，则更换熔断器。

（五）蓄电池温度过高

表现现象：温度指示过高。

故障处理：查明原因后处理，若为直流过负荷造成，则减少负荷；若为通风不良造成，则设法使通风良好。

（六）蓄电池外壳膨胀

表现现象：蓄电池外壳鼓胀变形。

故障处理：更换蓄电池。

（七）直流系统接地

表现现象："正极或负极对地绝缘下降"报警。

故障处理：先由运行人员切换直流绝缘监察装置电压表，可以确定正极或负极哪极接地，然后用拉路法寻找接地回路。确定后，通知检修专责人员处理。

在实际操作中，故障处理按下列步骤进行：①分清接地故障的极性，粗略分析故障发生原因，阴雨天会使直流系统绝缘受潮，室外端子箱、机构箱、接线盒是否因密封不良而进水；是否由于二次回路上有人工作而造成。②若二次回路上有人工作或有设备检修试验工作，应立即停止。拉开工作用直流电源，看接地信号是否消失。③用直流屏上的绝缘监察电压表转换开关，检查确认故障点在正极还是在负极。④再用分网法缩小查找范围（分网法指的是直流系统有两段及以上的母线，各段母线都有直流电源时可以倒闸操作，拉开母线分段刀闸，确认接地在哪一母线段）。⑤对不太重要的直流负荷或不能转移的分路，用瞬时拉路停电法查找接地回路，如接地信号消失了，故障即在该回路。⑥可以先停次要负荷，如事故照明馈电线、断路器和隔离开关操作电源馈电线、试验馈电线等；检查后接地仍未消失则再停重要负荷，如信号、保护、自动装置等馈电线；拉路停电后若仍接地，则接地必在母线或蓄电池本身上。⑦拉路检查试验中，从接地信号消失即可判断，并找出故障线路号，然后确定故障点并通知检修专责人员来排除故障。

第四节 防雷和接地系统的巡视和检查

一、防雷简介

雷电是大气中的放电现象。雷电冲击电压高达数十万伏至数百万伏，轻则会毁坏电气绝缘，造成大面积、长时间的停电；重则会引起火灾、爆炸和人身伤亡事故，因此要采取措施进行雷电防护。

水电站遭受的雷害大致可分为直击雷、感应雷及雷电侵入波 3 种。根据它们的各自特点，可采用不同的方法进行防护。

（一）直击雷防护

对直击雷往往用架设避雷针、避雷线、避雷网和避雷带进行保护。这些避雷装置由接闪器、引下线和接地装置组成。高耸的针、线、网、带均是接闪器，放电时，由于雷电具有迎面先导的特点，而接闪器比被保护物高出很多，可首先承接雷击，强大的雷电流通过阻值很小的引下线及接地体泄入地下，使被保护设施免受雷击。

（二）感应雷防护

为防止感应过电压对电气设备的危害，水电站一般采取将各配电装置尽量远离独立避雷针或较高建筑物，以降低接地电阻值，并对架空引出的无屏蔽的发电机电压母线用装设电容器等措施防护。

为防止静电感应过电压，往往考虑将建筑物内的金属设备、金属管道及结构钢筋等可靠接地。接地装置可以与其他装置共用，接地电阻不应大于 10Ω。

（三）雷电侵入波防护

对侵入波主要是通过装设避雷器防雷。避雷器装设在被保护物的引入端或母线上，其上端接在线路或母线上，下端接地。雷击时，避雷器间隙击穿，雷电流通过避雷器及其引下线和接地装置入地，被保护物得到保护。水电站常用避雷器有管型避雷器、阀型避雷器和金属氧化物避雷器等。

总之，各种各样的防雷方法和防雷装置，大多是利用雷电迎面先导的特点，将雷电引向防雷装置，而后通过接地引下线将雷电引入大地，从而使线路、厂房或设备等得到保护。所以，防雷装置离不开接地装置，只有接地装置配合才能发挥作用。

二、防雷系统的巡视和检查

应定期对防雷装置进行安全检查。10kV 以下防雷装置每三年检查一次。但每次雷雨过后，应注意对防雷保护装置的巡视。避雷器应在每年雷季前进行一次检查维护试验。

检查包括外观检查和测量两个方面。外观检查主要是检查避雷器瓷质完好，接闪器、引下线、接地体等各部分的连接是否牢固，检查各部分腐蚀和锈蚀情况，若腐蚀和锈蚀超过 30%，应给予更换；接地部分应良好且接地电阻符合规定要求；避雷器与被保护设备之间的电气距离是否符合标准；定期抄录放电记录器所指示的避雷器动作次数等。

最后检查确认，雷雨季节前是否按规程做了预防性试验。

（一）避雷针和避雷线巡视和检查

检查避雷针、避雷线及其接地线有无机械损伤及锈蚀现象。

检查导电部分的电气是否连接良好（可用小锤轻敲检查，发现有接触不良或脱焊等现象，应立即修复）。①

（二）管型避雷器巡视和检查

检查外壳有无裂纹、机械损伤及绝缘剥落等现象。

检查安装位置是否正确，开口端是否向下。

检查外间隙的电极距离有无变动，是否符合要求；检查排气孔是否被杂物堵塞。

（三）阀型避雷器巡视和检查

检查瓷绝缘套管是否完整、表面有无严重的污秽，若有则须及时清扫，以免影响避雷器灭弧性能。

检查瓷套管与法兰的水泥接合缝是否严密，避雷器上端引线处密封是否完好。

检查避雷器引线及引下线有无烧痕或断股现象，动作记录仪是否烧坏，指示数有无改变，判断避雷器是否工作。

检查避雷器与被保护设备间的电气距离是否符合规定要求。

当阀型避雷器存在缺陷时，应通知专责人员进行电气试验及检修。电气试验主要有接地部分接地电阻测量、标称电流下的残压试验、工频放电电压试验、

① 林天 . 水电站防雷设计方案仿真与防护措施研究 [D]. 南京：南京邮电大学，2021.

电导电流或泄漏电流试验、密封试验等。

（四）金属氧化物避雷器巡视和检查

检查瓷绝缘套管是否完整、有无裂纹，密封垫圈老化是否开裂，表面有无严重的污秽，瓷套座是否进水受潮。

避雷器接线端及接地端接触良好。

避雷器动作器指示正常。

三、防雷装置故障及事故处理

防雷装置常见故障有避雷器套管绝缘受损、避雷器动作指示器烧毁等。

（一）避雷器套管绝缘受损

表现现象：套管有裂纹、爬电现象。

处理方法：向有关部门申请停电。

将故障相避雷器退出运行，通知专责人员更换合格的避雷器，若无备品可暂时在瓷套裂纹处涂漆或环氧树脂，待有备品后再换下。

若在雷雨中发现瓷套有裂纹，应尽可能不使避雷器退出运行，待雷雨后处理；若瓷套已经发生闪络，但未引起接地，则应将故障相避雷器停下。

若同时发现避雷器内部有异音或套管有炸裂现象并引起接地，则工作人员应避免靠近避雷器，而用断路器或人工接地转移断开避雷器。

（二）避雷器动作指示器烧毁

表现现象：指示器内部烧黑，引下线连接点上有烧痕或烧断。

处理方法：应及时对避雷器做电气试验或解体检查。

（三）金属氧化物避雷器爆炸

表现现象：金属氧化物避雷器爆炸。

处理方法：密封不良引起受潮、单相接地或谐振过电压作用，先天性设计不合理等都会导致爆炸事故。更换避雷器并在避雷器下部安装脱离器，以使避雷器在遭受异常电压作用时能及时脱离电网。

另需注意：①若在雷雨时防雷装置异常，要待雷雨后再处理。②若发现避雷器内部有异常声响或套管炸裂引起接地故障时，值班人员应避免靠近，报告并按规程要求将故障避雷器退出运行，并通知检修专责人员处理。

阀型避雷器爆炸但未造成永久性接地，则可在雷雨过后拉开隔离开关避雷器退出运行并更换新避雷器；若阀型避雷器爆炸且造成永久性接地，则严禁通过拉开隔离开关使避雷器退出运行，只准跳开断路器，按处理接地故障办法处理。

运行中避雷器接地引下线连接处有烧熔痕迹时，可能是内部阀片电阻损坏而使工频续流增大，应停电使避雷器退出运行处理，并进行电气试验。

四、接地装置

电气设备外壳及设备必须接地的部分与土地作良好的连接称为接地。埋设在地中并直接与土地接触的金属导体称为接地体。由许多接地体连成一个整体构成接地网。将电气设备的接地部分与接地网连接起来的金属导体称为接地线。接地网和接地线总称为接地装置。

电气设备的接地分为保护接地和工作接地两大类。保护接地又分为保护接地和保护接零。保护接地是将电气设备外壳、配电装置的构架、杆塔等有可能由于绝缘损坏而带电的金属部分与接地体作良好连接。保护接零是在中性点直接接地的低压电力网中，将电气设备的金属外壳和电源变压器的接地中性线（零线）连接。而工作接地是为了正常工作或排除事故的需要，将系统中的某些点进行工作接地，如 110kV 及以上中性点接地，变压器低压侧星形连接时中性点接地，电压互感器一次侧中性点接地及避雷装置接地等。水电站中保护接地和工作接地一般常共用一套接地装置。

不同用途和不同电压等级的电气装置一般均有规定的接地电阻值，当它们共用一套接地装置时，接地电阻应符合其中最小值的要求。水电站中主接地网的接地电阻值，110kV 电压级为 0.50Ω，35kV 电压级为 4Ω。弱电设备，如计算机监控系统接地网的接地电阻，一般不应超过 10。避雷针独立接地体电阻为 10Ω。

（一）电气装置必须接地的范围

1kV 及以上的电气设备外壳在各种情况下均应采用保护接地；1kV 以下的电气装置，若中性点为直接接地时应采取保护接零，若中性点不直接接地则应采取保护接地。

下列电气装置的金属部分应保护接地或保护接零：①电气装置外壳。②电流互感器、电压互感器的二次绕组。③开关柜、配电屏、动力箱、控制屏等屏柜的外壳及基础。④屋外配电装置的金属构架及靠近带电部分的金属围栏和金属门。⑤电缆接线盒、终端盒的外壳和电缆的外皮。⑥各电缆或电线的金属保护管。⑦装有避雷线的线路杆塔。⑧安装在配电线路杆塔上的开关设备、电容器等电力设备外壳。

（二）接地系统巡视和检查

每年雷雨季前应对接地装置进行一次检查，具体内容为：①设备接地部分、接地线的连接线卡及跨接线、接地引下线和接地体间连接良好，无折断、机械损伤及化学腐蚀等现象。②接地支线和接地干线的连接是否牢固。③重复接地线、接地体及其连接处应完好无损。④各种接地标志齐全、明显。⑤检查接地螺栓是否牢固，焊接处是否牢固、有无脱焊现象。⑥人工接地体周围地面上，不应堆放及倾倒有强烈腐蚀性的物质；检查接地引下线周围地下 0.5m 左右地线受腐蚀程度，腐蚀严重的应更换。⑦接地装置的防锈漆（或热镀锌）应完好。⑧接地点土壤是否受外力影响而松动。⑨定期测量接地电阻是否符合标准。

另需注意，接地装置在巡视中发现以下情况，应设法予以修复：①接地电阻值超过规定值。②接地线连接处开焊或连接中断。③接地线与用电设备压接螺丝松动，压接不实或不良。④接地线有机械损伤，断股、断线及腐蚀严重。⑤地中埋设件被水冲刷或由于挖土而裸露于地面。

（三）接地系统故障及事故处理

发现接地装置故障后，记录并报告，通知专责人员处理，常见故障有以下项目。

1. 接地体接地电阻增大

处理方法：一般因接地体严重锈蚀或接地体与接地干线接触不良引起，应更换接地体或紧固连接处的螺栓或重新焊接。

2. 接地线局部电阻增大

处理方法：一般为连接点的接触面存在氧化层或污垢引起，应重新紧固螺栓或清理氧化层和污垢后再拧紧。

3. 接地体露出地面

处理方法：把接地体深埋，并填土覆盖、夯实。

4. 接地线有机械损伤、断股或化学腐蚀现象

处理方法：应更换截面较大的镀锌或镀铜接地线，或在土壤中加入中和剂。

5. 接地网中零线带电

处理方法：查看是否由于线路上电气设备绝缘破损漏电引起，线路上是否一相接地，零线断裂否，网中是否个别设备保护接地，个别设备一相一地制；变压器低压侧工作接地处接触是否不良，三相电流是否平衡，对症采取相应措施。

6. 连接点松散或脱落

处理方法：重新连接或紧固。

第五节 电气设备故障和事故处理

一、断路器故障及事故处理

断路器由于制造缺陷、运行维护不当或检修不及时、检修质量不过关等原因，会发生一系列故障。

断路器常见故障有断路器拒绝合闸、拒绝分闸、自动误跳闸等。油断路器有异响、喷油、着火等故障，六氟化硫断路器有漏气、气体外逸等故障，真空断路器有真空度降低、异响等故障。

（一）断路器拒绝合闸

1. 表现现象

合闸合不上。

2. 处理方法

通知检修专责人员来现场，从断路器本身和操作回路两个方面检查。

检查直流电源电压合格否。

根据合闸回路二次展开图——检查各个触点。

合闸线圈、合闸接触器及其熔断器是否良好。

操作把手、连杆、端子处有无异常、是否联动。

机构箱内辅助触点接触是否良好。

操作控制开关触点接触是否良好。

拉开附属的隔离开关，到现场进行手动合闸检查试验。

合闸机构有无卡涩现象、连接杆脱钩否。

若为液压操作机构，则还需要检查其液压合格否。

若为弹簧操作机构，则需要检查合闸弹簧是否储能良好。

按上述各项排查故障。

（二）断路器拒绝跳闸

1. 表现现象

断路器拒跳。

2. 处理方法

应立即到现场手动断开断路器，然后查明原因。

查看跳闸二次回路图进行分析。

若手动也不能断开，可考虑用串联开关断开电源，然后检查控制电源电压是否正常（$85\%U_e \sim 110\%U_e$）、分闸回路中元件有无接触不良及断路现象、分闸线圈是否损坏、操作机构有无问题、分闸铁芯顶杆有无卡位现象等。①

按上述各项排查故障。

（三）断路器自动误跳闸

1. 表现现象

断路器自动误跳闸且保护未动。

2. 处理方法

必须查明原因，若人为误动则应立即联系合闸。

若为自发性跳闸，则断开断路器两侧隔离刀闸，以手动缓慢合闸，检查开关挂钩是否良好；检查操作回路绝缘是否损坏，直流是否发生接地。这些检查需在不带电情况下进行。

（四）油断路器声音异常

1. 表现现象

内部有异常的放电“噼啪”声或似水开时的“咕噜”声。

2. 处理方法

应尽快从系统回路上将断路器停电，然后将断路器两侧的隔离开关拉开。

退出运行后的断路器要进行仔细的内部检查和油分析试验，以判断故障性质并处理。

（五）油断路器喷油

1. 表现现象

切断故障电流后严重喷油冒烟或爆炸。

2. 处理方法

若严重到爆炸起火，应迅速将断路器与无故障部分隔离，先使该断路器停电隔离，切断断路器各侧电源后灭火。

同时应报告调度，断路器禁止盲目强送或试送。

检查断路器油量、油质。

检查灭弧室有无堵塞现象。

检查断路器触头熔焊情况。

① 沈华雨．电站电气设备故障预防与状态监测技术研究 [J]. 自动化应用，2024，65（S2）：53–55.

检查分合闸行程、分闸速度等。

排除故障后方可再投入运行。

（六）油断路器严重缺油

1. 表现现象

油断路器无油位指示。

2. 处理方法

立即断开缺油开关的操作电源，并在其操作把手上挂“不许拉闸”标示牌。

从系统上使断路器停电。

做好安全措施，由专责人员加油。

（七）六氟化硫断路器漏气故障

1. 表现现象

密封面紧固螺栓松动渗漏、焊缝处气体渗漏、压力表渗漏、瓷套管破损气体渗漏。

2. 处理方法

若漏气发出操作闭锁信号时，应立即停用故障断路器，并相应地进行螺栓紧固或更换密封件，补焊或刷漆，更换压力表，更换新瓷套管，然后进行补气。

（八）六氟化硫断路器本体绝缘不良，放电闪络故障

1. 表现现象

瓷套管严重污秽或瓷套管炸裂。

2. 处理方法

清理污秽及其他异物，更换合格瓷套管。

（九）六氟化硫断路器气体外逸

1. 表现现象

漏气报警，六氟化硫断路器意外放爆或严重漏气。

2. 处理方法

尽量选择从上风口接近设备，并立即投入全部通风装置。

事故后 15min 内不准进入室内。

15min 后、4h 内，进入室内须穿防护衣、戴防毒面罩。

遭受外逸气体侵袭人员应立即清洗后送医院治疗。

（十）真空断路器异响

1. 表现现象

真空灭弧室发出真空损坏的“咝咝”声。

2. 处理方法

值班人员向上级汇报，申请停电处理。

（十一）真空断路器接触电阻过大

1. 表现现象

触头接触面磨损严重。

2. 处理方法

由专责人员进行触头调整，并检测真空灭弧室真空度，必要时更换真空灭弧室。

（十二）真空断路器灭弧室漏气

1. 表现现象

真空度下降，分闸时弧光呈橙红色。

2. 处理方法

及时更换真空灭弧室。

（十三）断路器出线端子连接处发热严重或熔化

1. 表现现象

断路器端子与连接线连接处示温片熔化。

2. 处理方法

立即停用故障断路器，确定过热原因并在重新连接时针对原因采取相应的改进措施。

（十四）液压操作机构严重泄漏

1. 表现现象

液压操作机构压力下降到发出操作闭锁信号。

2. 处理方法

立即将断路器作停电处理，并进行检修。

二、隔离开关常见故障及事故处理

隔离开关常见故障有接触部位过热、瓷瓶闪络、操作卡位等。

（一）隔离开关接触部位过热

1. 表现现象

变色漆、隔离开关刀片颜色变黑或示温片显示过热（部件松动、刀闸合得不严或有熔焊现象）。

2. 处理方法

做好记录，通知检修专责人员处理。

（二）隔离开关瓷瓶闪络

1. 表现现象

瓷瓶脏污、裂纹造成爬电或闪络。

2. 处理方法

做好记录，通知检修专责人员处理。

（三）隔离开关刀片弯曲

1. 表现现象

刀片两端接触部分的中心线不重合，刀片弯曲。

2. 处理方法

做好记录，通知检修专责人员处理。

三、互感器常见故障及事故处理

（一）电压互感器故障和事故处理

电压互感器常见故障有保险熔断、断线及短路等。

1. 表现现象

发出“TV 回路断线”光字牌信号及故障铃声。

2. 处理方法

若故障引起继电保护与自动装置误动作，则短时退出与此 TV 有关继电保护与自动装置。

尽可能根据其他仪表指示对设备进行监视，并尽可能不改变设备运行方式。

详细检查一次、二次保险是否熔断，若为二次保险熔断，则应先更换二次保险器，更换熔丝，如果二次保险器又熔断，则通知检修处理。若一次侧保险熔断，则通知检修专责人员来处理。

若是自动励磁装置用互感器一次熔丝熔断，则短时停止自动励磁装置，再通知处理。

（二）电流互感器故障和事故处理

电流互感器常见严重事故有二次开路和温度过高等。

1. 电流互感器二次开路

表现现象：有关电流表、电功率表指示零或降低，电度表不转或转慢。若是差动回路，则差动回路有断线信号发出。电流互感器有鸣声。

处理方法：现场检查确认，并申请报告处理。

2. 电流互感器温度过高

表现现象：有焦味、冒烟或冒火花等。

处理方法：立即报告，申请停电处理。

四、母线、电缆和绝缘子常见故障

母线和绝缘子常见故障有母线连接处发热、绝缘子闪络等。

（一）母线连接处发热

表现现象：发热部位变色（变色漆、试温片、红外线测温仪显示过热）。

处理方法：设法降低流经发热处的电流，发热严重时应尽快将负荷转移到备用母线上，将发热母线申请停电检修处理等。

（二）绝缘子闪络

表现现象：绝缘子表面闪络。

处理方法：现场确认后，记录、报告，申请停电处理。

（三）绝缘子爬电痕迹

表现现象：绝缘子表面有爬电痕迹。

处理方法：现场确认后，记录、报告，申请停电处理。

（四）电缆绝缘损坏

表现现象：电缆老化，铅包明显鼓胀、裂纹或漏油。

处理方法：现场确认后，记录、报告，申请停电处理。

（五）电缆头漏油、放电、受潮

表现现象：电缆头漏油、放电、受潮。

处理方法：现场确认后，记录、报告，申请停电处理。

五、低压断路器等常见故障

低压断路器常见故障有连接处过热、触头严重烧灼、绝缘部分闪络、拒绝动作等。运行人员有针对性地加强巡视检查，做好记录，根据具体情况，通知检修专责人员及时安排检修处理。

第四章 灌区灌溉渠道运行与管理

第一节 灌溉渠道的运行管理

一、灌溉渠道的检查

（一）经常性检查

经常性检查包括平时检查和汛期检查。平时检查，着重检查干、支渠渠道险工、险段和渠堤上有无雨淋沟、浪窝、洞穴、裂缝、滑坡、塌岸淤积、杂草生长等现象。还要注意检查路口、沟口及交叉建筑物连接处是否合乎要求。汛期检查，主要检查思想、组织、物资及工程等方面的准备落实情况及其措施。

（二）临时性检查

临时性检查主要包括大雨中、台风后和地震后的检查。着重检查有无沉陷、裂缝、崩塌及渗漏等情况。

（三）定期检查

定期检查包括汛前、汛后、封冻前、解冻后进行全面细致的检查，如发现弱点和问题，应及时采取措施，加以修复解决。

（四）渠道过水期间检查

渠道过水期间应检查观测各渠段流态，有无阻水、冲刷淤积和渗漏损坏等现象，有无较大漂浮物冲击渠坡及风浪影响，渠顶超高是否足够等。

二、渠道正常工作标志及管理运用的原则要求

（一）灌溉渠道正常工作标志

输水能力符合设计要求。

水流平稳均匀，不淤不冲。

渠道水量的管理损失和渗漏损失量最小，不超过设计要求。

渠堤断面规则完整，符合设计要求，输水安全。

渠道内没有杂草。①

---

① 王琦．浅析引大灌区工程现状及运行管理措施 [J]. 吉林农业，2019（12）：58.

沿渠堤进行绿化，树木生长良好。

（二）渠道管理运用的一般要求

经常清理渠道内的垃圾物，清除杂草等，以保证渠道正常行水。

禁止在渠道上垦殖、铲草及滥伐护渠林；禁止在保护范围内取土、挖沙、建坟。

渠道旁山坡上的截流沟或泄水沟要经常清理，防止淤塞，尽量减少山洪或客水进渠，造成渠堤漫溢决口、冲刷淤积。

不得在排水沟内设障堵截影响排水。

禁止向渠道倾倒垃圾、废渣及其他腐烂物，以保持渠水清洁，防止污染环境，并应定期进行水质检验，如发现污染应及时报告有关部门并采取措施处理。

禁止在渠道毒鱼、炸鱼。

对渠道局部冲刷破坏之处，要及时修复，必要时可采取砌石、土工编织袋防冲等措施。

未经管理部门批准，不得在渠道上修建建筑物和退泄污水、废水；不准私自抬高水位。

每年春、秋两季，应组织灌区受益群众，定期对渠道进行清淤整修，渠底、边坡等应达到原设计断面标准。

不得在渠堤内外坡随意种植庄稼。

填方渠道外坡附近，不得任意打井、修塘、修建筑物。

渠道放水、停水，应逐渐增减，尽量避免猛增猛减。

（三）渠道管理运用的一般原则

渠道的管理运用，必须注意以下几个问题。

1. 水位控制

为了保证输水安全，避免漫堤决口事故，渠道水位距戗道和堤顶的超高，应有明确的规定，一般应不小于表 4-1 所列范围数值。对风力较大、水面较宽的渠道，超高值中还应计入波浪的高度。

2. 流速控制

渠道中流速过大或过小，将会发生冲刷或淤积，影响正常输水。所以，管理运用时，必须控制流速。总的要求是渠道最大流速不应超过开始冲刷渠床流速的 90%，可参考表 4-2；最小的流速不应小于落淤流速（一般不小于 0.2 ~ 0.3m/s）。引用清水时，流速可降低至 0.2m/s。

表 4-1　渠顶超高值

渠道流量（m^3/s）	渠顶超高（m）
1	0.2 ~ 0.3
1 ~ 10	0.4
10 ~ 30	0.5
30 ~ 50	0.6
> 50	> 0.6

注：通航渠道的超高，按表列数字适当加大，保证通航渠道的输水安全。

表 4-2　土质渠道的允许不冲刷流速

土壤名称	颗粒成分 (%)		土壤的特性															
			孔隙比 1.2 ～ 0.9 密度＜1.2(t/m^3)				孔隙比 0.9 ～ 0.6 密度 1.2 ～ 1.66(t/m^3)				孔隙比 0.6 ～ 0.3 密度 1.66 ～ 2.04(t/m^3)				孔隙比 0.6 ～ 0.3 密度 2.04 ～ 2.14(t/m^3)			
	＜ 0.005mm	0.005 ～ 0.05 mm	水流平均深度 (m)															
			0.40	1.00	2.00	3.00	0.40	1.00	2.00	3.00	0.40	1.00	2.00	3.00	0.40	1.00	2.00	3.00
			允许不冲刷平均流速 (m/s)															
黏土 重壤土	35 ～ 50 20 ～ 30	70 ～ 50 80 ～ 70	0.35	0.40	0.45	0.50	0.70	0.85	0.95	1.10	1.00	1.20	1.40	1.50	1.40	1.70	1.90	2.10
轻、中壤土	10 ～ 20	90 ～ 80	0.35	0.40	0.45	0.50	0.65	0.80	0.90	1.00	0.95	1.20	1.40	1.50	1.40	1.70	1.90	2.10

当渠道的流速不易控制，对易受冲刷部分应积极采取防冲措施，对渠道易淤部位，注意经常清淤，必要时可根据地形条件，裁弯取直，调整纵坡，或增建排沙闸、沉沙池等措施，减少渠道的淤积。

3. 流量控制

渠道过水流量一般应不超过正常设计流量，如遇特殊用水要求时，可以适当加大流量，但是时间不宜过长。尤其是有滑坡危险或冬季放水的渠道更要特别注意，每次改变流量最好不超过 10% ~ 20%，浑水淤灌的渠道，可以适当加大。冰冻期间渠道输水，在不影响用水要求的原则下，尽量缩短输水时间，并要密切注意气温变化和冰情发生情况，同时组织人员巡渠打冰，清除冰凌，防止流凌壅塞，造成渠堤漫溢成灾。

三、泡水试渠

渠道建成后，必须泡水试渠，促进渠道稳定，及早发现问题，及时处理，以保证渠道的正常运用。泡水试渠方法有以下三种。

（一）聚渗

预先将全渠分为若干段，每段长 500 ~ 1000m，分段处用土筑堰，夯实坚固，互相隔开，在土堰一端留下放水口或在土堰底部埋设暗管，以便控制水量和防止土堰受冲。泡渠时，开闸放水，先用小流量向第一段逐渐放水，一直上升至设计水位为止，然后保持一天左右时间，如果没有问题，再向下一段用同样的方法放水，第一段仍保持原有水位。这样依次进行，直到最末一段。这种方法的优点是，渠道发现险情后，可以很快截断水源，防止长距离尾水危害，避免小事故变成大事故；缺点是修筑隔堰的土方量较大，试渠时间较长。因此，多用于地形复杂、险工较多的填方渠段。

聚渗时，要组织好巡渠队，每个隔堰一定专人驻守，负责堵水放水。下游一旦出险，就要迅速堵塞水口，截断水源，并及时向上段传报，防止漫溢。

（二）通渗

通渗就是渠道全线放水，水位由低到高，先放小水试渠底，保持一定时间，再逐渐加大，水位逐渐增高，每次增加 0.2m 左右，最后达到设计水位。通渗的优点是可省打隔堰土方，试渠时间也较短。缺点是一旦下游出险，水源不易很快截断，容易扩大决口。因此，一般多用于地形较好、险工不多的渠段。

通渗时，应在沿渠大填方和重要建筑物上游，事先开好永久或临时性退水沟道，以便出险后迅速退水，同时在渠道大填方段两端，预先打一排拦渠木桩，以便填方决口时截断水流，防止事故扩大。

（三）聚渗与通渗结合

其要点是：“节节筑堰、分段聚渗、小水试通、逐步抬高。”开始与聚渗一样，分段筑堰，每段先用上水聚渗，等各段试通后，再增加一定水位，全渠段又试一遍，一直将水位逐步增加到设计水位为止。这一方法既可以缩短试渠时间，又能保证试渠安全，所以各地采用较多。

第二节　灌溉渠道整修养护

灌溉渠道的整修养护，主要包括防淤、防冲、防渗、防坍塌、防洪、防冻胀等方面，下面仅介绍防淤和防冲。

一、防淤

（一）工程措施

在灌溉渠系中大于 0.10 ~ 0.15mm 的泥沙，不要进入渠道。一般采取的措施如下。

水源上游全面进行水土保持治理，砌护冲刷河段防止泥沙入渠，在上游的集水面积及受冲刷的河段，采用生物措施及工程措施，并推广小流域承包治理的办法防止水土流失，以减少水源的泥沙含量。

在渠道枢纽设置防沙、排沙等工程措施：①带冲刷闸的沉沙槽，槽内设分水墙、导沙坎，以此构成一套较强的冲沙设备，按照操作规程，启闭冲刷闸和进水闸，合理运用，防止底沙进渠，这样排沙效果良好。②排沙闸。在进水闸相距不远的地方，利用天然地形设置排沙闸，将沉积在渠首干渠段内的大颗粒泥沙定时冲走，泄入河道或沟道。③拦沙底坎。在无坝引水时，底坎设置于进水闸前一定距离的河床上，其高度应为河道中一般水流深度的 1/3 至 1/4，底坎与水流方向应成 20° ~ 30° 的角度，底坎长度，应以河道流向及进水闸设计而定，一般原则上是既有拦沙效果，又不影响进水闸引水。在设置底坎时，必须注意加护坎前的河床，防止冲刷，并要定期清除淤积在坎后的泥沙。④其他设施。其他防止泥沙进渠的工程设施还不少，如导流装置、沉沙池、导流丁坝、隔水沙门等，可根据当地实际情况选用。⑤混凝土衬砌渠道。采用混凝土 U 形渠槽、铺预制板或现场浇筑等办法，减少渠床糙率，加大渠道流速，从而增加挟沙能力，减少淤积。

（二）管理运用措施

防止客水挟泥沙入渠。傍山渠道经过村庄、道路一般有交叉建筑物或截洪沟槽等，原来设备不齐全的，应积极配套齐全。如发生大雨、山洪，应有专人看守，把洪水排走，严防山坡、山沟洪水进入渠道，淤积渠床。

减少灌溉后多余的水量流入渠道。为了减少入渠的泥沙量，应尽可能地减少计划外的引水量，严格实行计划用水，采取各种有效措施，提高灌溉水的有效利用系数，以便减少渠首引水量，从而减少进渠的泥沙量。①

改变引水时间。就是在河水含沙量小时，加大引水量；在河水含沙量大时，把引水量减到最低限度，甚至停止用水。有些灌区根据多年的实践经验，确定引水含沙量的极限值，如果河水中泥沙量超过极限，即实行停止引水的制度，这样会起到更好的效果。

（三）清淤

为了保证渠道能按计划进行输水，每年必须编制清淤计划，确定清淤量、清淤时间、清淤方法及清淤组织等。

干、支渠清淤，一般由渠道管理单位负责；斗、农、毛渠等田间工程清淤，一般由受益单位按受益面积摊工完成。清淤方法有水力清淤、人工清淤、机械清淤等。选择清淤方法时一般以成本低、用工少、效率高为原则。

1. 水力清淤

（1）利用弯道排沙

弯道排沙系利用水流在弯道所产生横向环流的原理，将弯道段做成一定的坡度，使泥沙大部分集中在凸岸。弯道段的断面既可以做成矩形的，也可以采用1 ∶ 1.5的横断面。在弯曲段修建排沙闸，将水流底层推移质的泥沙，绝大部分从排沙闸泄走，所以底层泥沙的运动，从弯道起点上游开始，在弯道终点以前结束。根据试验，冲沙流量为渠中流量的3% ~ 10%。这一方法的优点是排沙不影响下游渠道输水，结构比较简单，效果较好。但是，必须地形条件许可，有排水出路及堆放泥沙的河滩或沟壑洼地。

（2）利用清水冲淤

在水源比较充足的地区，每年秋、冬非用水季节，利用河流、水库或泉源

① 张志军. 农田水利灌溉渠道维护与管理策略 [J]. 河南农业，2024（24）：69-71.

含沙量很低的清水，按设计流量尽量引入干渠或支渠，有计划、有步骤地分段用现有的排沙闸、泄水闸等工程泄水拉沙，先上游、后下游，一段一段进行集中排水拉沙，最后一段泥沙从渠尾排入河道中。在淤积严重的渠段，可组织人力用铁锹、铁耙等工具搅动，以加强渠道的挟沙能力，渠道小流量时淤积的泥沙，可以随流量流速的加大，被大部分带走。一般清、浑水渠道是夏季淤积，秋、冬季拉沙，以达到冲淤平衡。从各地实践经验来看，这一方法的效果也是很显著的。有不少灌区采用“浑水落淤、清水拉沙”或“小水淤积、大水拉沙”的方法，使人工清淤量大大减少，一般可以减少 1/2 ~ 2/3 的清淤工程量。这一方法适用于水源比较充足或非灌溉季节不蓄水的灌区。

2. 机械清淤

使用机械清淤，能节省大量的劳力，以提高清淤效率。

机械清淤所具备的条件较多，主要是：①沿渠要有机械通行的道路；②渠道植树应考虑机械清淤的要求；③泥沙堆积段比较集中，要具备处理措施。

随着农业机械化的发展，清淤机械也要逐步推广。因此，在今后新建或改建灌溉系统时，必须考虑机械清淤工作的条件与要求，进行渠系、道路、树木等合理布置。

3. 人工清淤

由于目前我国农村劳力多，机械化程度还较低，所以运用人工清淤还是最普遍的清淤方法。清淤效率随着渠道大小而不同，一般为 2 ~ 4m^3/ 工日，对较小渠道可达 5 ~ 6m^3/ 工日。人工清淤一般一年进行两次，即秋收后至土地冻结前结合农田基本建设全面进行一次；春季解冻后再进行一次，这次清淤工作，主要是整修渠道，使各级渠道畅通无阻，为春灌创造良好的条件。

（四）渠道除草

工程衬砌法。用混凝土或砌石等刚性材料衬砌渠道，基本上可以杜绝杂草丛生。

人工或机械除草法。人工除草是我国较普遍的方法，一般多在放水前进行。

化学除草法。化学除草使用的药剂很多，如氟乐灵、乙丁氟灵、西玛津、草甘膦等，效果均好。

浑水淤灌法。有引洪条件的渠道，在发洪水季节，可引浑水灌渠，使渠道土质的干容重增加，孔隙率减小，造成杂草生长不利条件。但此法有时不一定有效。

生物除草法。在经常通水的渠道中放养草鱼等食草型鱼类，既消灭了杂草又收到养鱼之利。

树木遮阴法。在渠旁有计划地植树造林，造成树荫，以减少杂草丛生与繁殖。

二、防冲

渠道冲刷原因和处理方法。

渠道土质或施工质量问题。如果渠道土质不好，施工质量差，又未采取砌护措施，导致大范围的冲刷，可采取夯实渠堤、弯道及填方渠段，用黏土、土工编织袋或块石砌护，以防止冲刷。

渠道设计问题。渠道设计流速和渠床土壤允许流速不相称，即通过渠道的实际流速，超过了土壤的抗冲流速，造成冲刷塌岸。可采取增建跌水、陡坡、潜堰、砌石护坡护底等办法，调整渠道纵坡，减缓流速，使渠道实际流速与土壤抗冲流速相适应，以达到不冲塌的目的。

渠道建筑物进出口砌护长度不够，造成下游堤岸冲塌，渠底冲深，这是灌区较普遍的现象。改善的办法，是增设或改善消力设施，加长下游护砌段，上、下游护坡及渠堤衔接处要夯实，以防淘刷。

风浪冲击、水面宽、水深大的渠道，如遇大风，往往会掀起很大的风浪，冲击渠岸。其处理办法是两岸植树，降低风速，防止水流的直接冲刷。最好是用块石或混凝土护坡，超过风浪高度。

渠道弯曲过急，水流不顺。渠道弯曲半径应不小于5倍水面宽度，否则将会造成凹岸冲刷。根治办法是：如地形条件许可裁弯取直，可适当加大弯曲半径，使水流平缓顺直；若在冲刷段用土工编织袋装土、干砌片石、浆砌块石、混凝土等办法护堤，则效果更好。

管理运用不善。渠道流量猛增猛减，造成流冰或其他漂浮物撞击渠坡，或在渠道上打土堰截水、堵水等，造成局部地段的冲刷塌岸，必须严加制止，拆除堵截物，清除流水漂浮物，避免渠道流量猛增猛减。

第三节 渠道沉陷、滑坡、裂缝的处理

一、渠道沉陷

新建土渠，开始放水时，往往会发生全面沉陷，黄土渠道下沉现象尤为严重，主要是渠堤、渠底土壤孔隙大，湿陷性强造成的。在长期不过水的旧渠道上，由于动植物的活动，也可能产生局部下沉。对于沉陷的渠段部位，必须查明沉陷原因，针对不同情况，彻底处理。

新建渠道放水前除泡水试渠、注意观察测量沉陷情况外，还须按原设计要求将渠堤加高培厚，并适当地预留超高，以防止再沉陷。只有经过二三年使用和雨季湿润沉实，才能基本达到稳定。

对旧渠上出现的垂直沉陷段或深坑，应在停水时进行锥探，探清隐患深度及范围，探清后及时灌浆堵塞或重新翻修夯实。在下一次放水时，仍要注意观察检验处理的结果，如仍有沉陷，再进行处理。

二、渠堤滑坡

凡是土质或土石混合的渠堤、挖方边坡等，如土体失去稳定性，即出现滑坡现象。

（一）影响渠堤稳定性的因素

1. 渠道的物质组成

有些渠建在抗剪强度比较低的页岩、泥岩、黏土、砾石、黄土等基础上，如果边坡过陡，过水后常易产生滑坡。特别是初放水时或雨季更容易产生滑坡。有些渠道在开挖后即出现裂缝，至降雨后雨水沿缝下渗，更加剧了渠道的滑塌。①

2. 渠道基础的内部结构

渠道基础的内部结构包括不同土石层的结合，岩石中的断层和断层裂隙的倾向等。特别是岩石断层的倾向对滑坡影响很大，当岩层倾向渠内，渠道开挖后，岩层下部失去支撑，上部岩体常会滑塌，在地下水的影响下，更加大滑动。另外，傍山渠道常是半挖半填的，渠道断面有一部分在新填土或新砌石上，如新老土石结合不好，将会造成漏水、滑坡等现象。

---

① 王秀琴，郭晓冬，侯君．灌溉渠道常见问题与养护维修措施[J]. 河南水利与南水北调，2024，53（9）：64-65.

3. 渠道边坡太陡

由于边坡太陡，形成渠堤抗剪强度不足，因而基土与渠坡体同时滑动。滑动力主要与渠坡缓陡有关，边坡越陡，滑动力越大。抗滑力与渠道压实程度及渗透水压力的大小有关，夯实程度越差，渗透水压力越大，抗滑力就越小。反之，抗滑力就大。

4. 水的作用

渠道渗水、地面水、降水等浸湿渠道土石体，会降低其抗滑力。如果地下水在隔层上汇集，还会对上面覆盖的土石层产生浮托力，降低抗滑力。地下水升高，还会产生较大的静水或动水压力。这些都可能促成滑坡。

5. 人为因素

人为因素很多，如设计不合理，渠道选线不当，施工质量要求不严格，土石方的开挖、堆放不合理，采用不适宜的爆破方法，冬季施工时填方段内有冻土层、冻土块，废土废石乱堆乱放，在渠旁取土等，都会造成滑坡。

6. 防渗渠道塌坡

混凝土板或浆砌石衬砌渠道，因勾缝脱落后，长期未修复，造成渠水沿缝渗流，防渗层土壤呈饱和或半饱和状态，特别是冬灌后的渠道，冬季冻胀严重，部分预制板隆起，春季解冻后，形成大面积的脱缝塌坡，堆积渠底。渠道阴坡尤为严重。

7. 冬灌放水

北方地区冬灌后，渠道边坡土壤渗水冻结，早春放水时，渠坡融解不均，水面线以下由于水温较高而开始融解，以上仍然冻结，且解冻后下层土壤疏松，停水后形成边坡脱落。

（二）滑坡的预防与治理

1. 合理选择渠线

选渠线时要注意以下几点：①傍山（塬）渠道尽量少走容易产生滑坡的山腰，而以渡槽或倒虹吸管直接跨越冲沟为宜。这样可能造价较高，但与长期管理养护经费相比，可能还是经济的。②采用隧洞代替渠道穿越滑坡地段时，要注意延长隧洞进出口的长度。③当渠道通过不良土层或石层时，应根据情况放缓边坡，加修戗台，有条件时可用挡土墙式块石衬砌，上盖钢筋混凝土盖板可以彻底防塌。

2. 按设计要求保证施工质量

采用正确施工程序，应采用先上后下的阶梯形断面开挖，切忌先开槽后削坡自下而上的施工方法。

填方或半挖半填渠道新老土接合处，应做好清基处理，将清基面做成阶梯形，并清除草根、树根、碎石等杂物，防止产生滑动。

施工时不宜采用大爆破，以免震坏岩层和加剧节理裂隙，促进滑坡的形成。

在可能出现滑坡的地段，要及时排水。

3. 做好渠道的管理运用

加强滑坡段的检查观察，有滑坡迹象时，应采取削坡减压、砌石护坡、开沟排水、渠岸绿化等措施。

管好排水系统，使沿渠山坡降水从截水沟或排洪槽等设施流向预定的地方，以保证排泄畅通。

检查渠道衬砌防渗工程，如有损坏及时修复。

禁止在滑坡体坡脚取土、开石，以保持局部土体的稳定。

防止滑坡体受淘刷。当滑坡体坡脚伸入河流中时，应在外坡脚修建挡土墙，一方面防止土体下滑，另一方面防止河流淘刷。

渠道放水、停水不能骤涨骤落，特别是大型土渠塑膜防渗渠道，更要防止骤然停水，造成滑坡。

三、渠道裂缝

（一）裂缝种类及成因

1. 裂缝的分类与特征

按裂缝发生的部位分类，有表面裂缝与内部裂缝。

按裂缝的走向分类，有横向裂缝、纵向裂缝、龟纹裂缝三种。横向裂缝一般在填方或半挖半填的渠段。纵向裂缝一般在渠底或渠坡，也有发生在渠堤顶的。龟纹裂缝一般发生在土料防渗渠表面。

按裂缝成因分类，有沉陷裂缝、滑坡裂缝、干缩裂缝、冻胀裂缝等。沉陷裂缝多发生于渠床新旧土接合段、渠道与渠系建筑物上下游连接段、渠道大填方段、渠下埋涵管的部位等。滑坡裂缝多发生在土石交界的渠道、半挖半填或盘山开挖渠道以及黄土塬边的渠道等。干缩裂缝多发生在土料防渗、塑料膜防渗土料做保护层的渠道，冻胀裂缝多发生在冰冻影响深度范围以内，也有因冬季放水结冰而引起的，缝深与宽度随气温而异。

2. 影响渠道裂缝的因素

（1）规划设计方面

沿渠线方向渠基地质条件不同，修渠后压缩变形不同，则相邻两断面易产生不均匀沉陷而引起横向裂缝。

渠道经过河沟大填方工程，渠基虽同，但地形变化较大，有峭壁、倒坡、凸凹的地形等，渠堤填土高低悬殊，形成压缩变形不同，易造成裂缝。

渠道填方下部有刚性建筑物，如涵洞、管道等连接，这些刚性建筑物远比相邻渠基上土壤沉陷小，从而引起裂缝。

渠道经过透水层地段，虽采取截水槽防渗处理，但截水槽的压缩性比两侧自然土基压缩性小，截水槽上部渠堤沉陷量比两侧沉陷量小，因而引起裂缝。

渠堤内外边坡设计太陡，抗滑安全系数不够，产生裂缝。

（2）施工方面

渠线长，一般是分段、分期施工，特别是填方或半挖半填的渠段，各段压实情况不同，接合不好，会产生不均匀沉陷。

渠堤、渠底夯打不实，或夯实密度不同，特别是渠道下埋管周围填土夯实不够，形成裂缝。

土渠与渠系建筑物连接部分，由于夯实不够，发生不均匀沉陷，常形成横向裂缝。

（3）管理方面

渠道水位骤降，渠坡产生较大的孔隙水压力，当达到极限平衡状态时，产生纵向裂缝。

渠顶堆放弃土或弃石等重物，超过荷重，造成裂缝。

衬砌防渗渠道，由于伸缩缝太少或填塞不好，造成纵向、横向裂缝。

渠道长期不过水，可能产生裂缝。因此，应定期放水湿润渠道。

（二）土渠裂缝的处理

渠道裂缝主要有纵缝和横缝。横缝是与渠道轴线垂直的裂缝，一般危害性较大，必须认真处理。平行渠线的纵缝，如果不是滑坡引起的，一般问题较小，但也要认真处理，以免造成不良后果，有些裂缝，可观测一段时间，待裂缝稳定后进行处理，横缝和纵缝一般处理办法如下。

1. 开挖回填法

开挖回填是处理裂缝比较彻底的办法，适用于不太深的表层裂缝及防渗部位的裂缝。

处理办法：①梯形揳入法，适用于裂缝不太深的纵缝。②梯形十字法，适用于渠堤横向裂缝。具体操作如下。

裂缝开挖：①开挖长度应超过裂缝两端各 1m。②开挖深度应超过裂缝尽头 0.3 ~ 0.5m。③开挖槽底部宽度至少为 0.5m，边坡应满足稳定及新旧结合的要求，一般根据土质、夯压工具及深度等具体条件确定。④开挖前缝内应灌入白灰水，以便掌握开挖边界。⑤较深坑槽应挖成阶梯形，以便出土和施工安全。⑥开挖后应保护坑口，避免雨冲、暴晒和冰冻，以防干裂、进水或冻裂。

回填土料：①回填土料应根据渠道土料及裂缝性质选用，对回填土料一般应进行物理力学性质试验。对沉陷裂缝应选用塑性较大的土料，控制含水量大于最优含水量的 1% ~ 2%；对滑坡、干缩和冰冻裂缝的回填土料，应控制含水量等于或低于最优含水量的 1% ~ 2%。②原渠道挖出的土料，经鉴定合格后才能使用。对于小裂缝可用原渠道土料回填。③回填前应检查坑槽周围土体的含水量，偏干的应将表面湿润；过湿或冰冻的，应清除后再进行回填。④回填土应分层夯实，每次填土厚度以 10 ~ 15cm 为宜，一般要求压实厚度为填土厚度的 2/3，回填土料的干容重，应比原土体稍大些。⑤回填时，要将开挖坑槽的阶梯逐层削成斜坡，并进行刨毛，要特别注意将槽边角部位夯实。

2. 灌浆法

较深的裂缝，开挖回填工程量大，可采取灌浆处理，一般采用重力灌浆或压力灌浆，前者凭浆液自重灌入裂缝，后者除浆液自重外，再加机械压力，使浆液在较大压力下，灌入裂缝。灌浆的浆液，可用黏土浆或黄土泥浆。

灌浆效果：①灌浆对裂缝具有很高的充填能力，不但能灌较宽的形状简单的缝隙，而且能填充宽度小于 1mm 且形状复杂的裂缝。②不论裂缝大小，灌浆后，浆液与浆壁都能紧密结合，同时依靠较高的压力，能使近旁相通的缝隙闭合。③采取灌浆法是处理内部裂缝较理想的措施，应积极推广。

浆液的配制，应注意以下几点：①价格低廉，就地取材，如黏土、黄土等。②有足够的流动性和灌入性。③凝固过程中体积收缩变形较小。④有足够的强度，并与原土结合牢固。⑤浆液均匀性和稳定性较好。⑥浆液掺和的其他材料，应严格按有关的规范规定进行。⑦黏土浆液的混合比（重量比），一般采用 1 ： 1 ~ 1 ： 2（水：固体）。

灌浆孔的布置：每条缝都应布孔，在长裂缝的转弯处、缝宽突变处及裂缝错综复杂部位，均应布孔。

灌浆压力：灌浆压力大小，直接影响灌浆质量，要在保证渠道安全的前提下，选用灌浆压力，一般要通过试验鉴定，采用的最大压力应小于灌浆部位以上的土体重量。灌浆压力应由小至大，不得突然增大。

注意事项：①对于未作出判断的纵缝，不宜采用压力灌浆处理。②在雨季或渠道高水位运行中，由于泥浆不易固结，一般不宜进行灌浆。

第四节 渠系建筑物的管理运用

一、渠系建筑物的运用

（一）渠系建筑物完好和正常运用的基本标志

过水能力符合设计要求，能准确、迅速地控制运用。

建筑物各部分应经常保持完整，无损坏。

挡土墙、护坡和护底均填实无空虚部位，且挡土墙后及护底板下无危险性渗流。

闸门和启闭机械工作正常，闸门与闸槽无漏水现象。

建筑物上游无冲刷淤积现象。

建筑物上游壅高水位时不能超过设计水位。

（二）渠系建筑物中应注意的几个问题

各主要建筑物应备有一定的照明设备，行水期和防汛期均有专人管理，不分昼夜地轮流看守。

对主要建筑物应建立检查制度及操作规程，随时进行观察，并认真加以记录，如发现问题，认真分析原因，及时研究处理，并报主管机关。

在配水枢纽的边墙、闸门上及大渡槽、大倒虹吸的入口处，必须标出最高水位，放水时严禁超过最高水位。

不准在建筑物附近进行爆炸。

禁止在建筑物上堆放超过设计荷重的重物，各种车路距护坡边墙保持 2m 以上距离。

为了保证行人和操作人员的安全，建筑物必要部分应加栏杆，重要桥梁设置允许荷重的标志。[①]

主要建筑物应有管理房，启闭机应有房（罩）等保护设施。重要建筑物上游附近应有退、泄水闸，以便在建筑物发生故障时，能及时退水。

未经水利管理部门批准，不能在渠道中增加和改建建筑物。

建筑物附近根据管理需要，均应划定管理范围，任何单位和个人不得侵占，并由当地县人民政府发给土地使用证书。

二、渠系建筑物的养护

渠系上主要建筑物有渡槽、倒虹吸管、跌水、涵洞、涵管、陡坡、桥梁、各种闸及量水设备等。

（一）渡槽

渡槽为渠道跨越河、沟等的交叉建筑物，在管理养护中应注意。

渡槽入口处设置最高水位标记，放水时绝不允许超过最高水位。

水流应均匀平稳，过水时不冲刷进口及出口部分，为此，出入口均需加强护砌，与渠道衔接处要经常检查，如发现沉陷、裂缝、漏水、弯曲等变形，应立即停水修理。

渡槽槽身漏水严重的应及时修补，钢筋混凝土渡槽放水后应立即排干，禁止在下游壅水或停水后在槽内积水，特别在冬季更要注意。

渡槽旁边无人行道设备时，应禁止在渡槽内穿行，必要时在上、下两端设置栏杆、盖板及照明设备等。

放水期间，要防止柴草、树木、冰块等漂浮物壅塞，产生上淤下冲的现象或决口漫溢事故。

渡槽的伸缩缝必须保持良好状态，缝内不能有杂物充填堵塞，如有损坏，要立即按设计修复。

渡槽跨越河沟时，要经常清理阻挡在支墩上的漂浮物，减轻支墩的外加荷重，同时要注意做好河岸及沟底护砌工程，防止洪水淘刷槽墩基础。

在渡槽的中部，特别应注意支座、梁和墙的工作状况，以及槽底和侧墙的渗水和漏水，如发现漏水严重时，应停水及时处理。

（二）倒虹吸管

倒虹吸管上的保护设施，如有损坏或失效，应及时修复。

① 高旭梅．浅析渠道工程的管理养护 [J]. 珠江水运，2014（3）：80-81.

进出口应设立水尺，标出最大、最小的极限水位，经常观测水位流量变化，保证通过的流量、流速符合设计规定。

进出水流状态保持平稳，不冲刷淤塞，倒虹吸管两端必须设拦污栅，并要及时清理。

经常检查与渠道衔接处有无不均匀沉陷、裂缝、漏水，管道是否变形，进出口护坡是否完整，如有异常现象，应立即停水修复。

倒虹吸管停水后，应关闭进出口闸门，防止杂物进入洞内或发生人身事故。

管道及沉沙、排沙设施，应经常清理。暴雨季节防止山洪淤积洞身，倒虹吸管如有底孔排水设备者，冬季放水后或管内淤积时，应立即开启闸阀，排水冲淤，保持管道畅通。

直径较大的裸露式倒虹吸管，在高温或低温季节要妥善保护，以防发生冻裂、冻胀破坏。

倒虹吸管顶冒水者，停水后在内部勾缝填塞处理，严重者挖开填土，彻底处理。

（三）跌水或陡坡

要防止水流对建筑物本身及下游护坦的冲刷，特别注意防止跌坎的崩塌与陡坡的滑塌、鼓起及开裂等现象。

冬季停水期和用水前对下游消力设施，应进行详细的检查，损坏者立即进行补修，其检查项目是：①消力坎有无损坏。②静水池下游护坦及基础有无淘刷现象。③静水池的边墙、底板有无损坏。④是否有乱石、碎砖、树根等杂物堆积池内，影响消能。

冬季停水后应清除池内积水，防止结冰、冻裂。

上下游护坡与渠道连接处，如有沉陷、裂缝，应及时填土夯实，防止冲刷。

利用跌水、陡坡进行水能利用时，应另修引水口，严禁在跌水口上游任意设闸壅水。

为了防止跌水、陡坡下游冲刷范围的扩大，可采取护坦后加长砌石办法，其砌护长度一般为原消力池护坦长度的 3 ～ 6 倍，以保证下游渠道的安全。

（四）涵洞与涵管

进出口如有冲刷或气蚀损坏现象，应及时处理。

应尽量避免在明流、满流过度状态下运行，每次充水或放空应缓慢进行，切忌流量猛减，以免洞内产生超压、负压、水锤等现象而引起损坏。

涵洞内如有漏水现象，应停水处理。

洞身如有坍塌、渗漏，应查明原因，进行处理。

涵洞顶部禁止堆放重物或修建其他建筑物。

渠道下的涵管应特别注意渠道的渗漏，以防止涵管周围填料被淘刷流失，造成基础沉陷，建筑物悬空或涵管崩裂。

砌石涵洞放水时，如发现涵洞震动，流水混浊或有其他异常现象，应立即停止放水，查明原因后即作处理。

（五）桥梁

桥梁旁边应设置标志，标明其载重能力和行车速度，禁止超负荷的车辆通行。

行车桥梁栏杆两端，应埋设大块石料或埋混凝土桩，防止车辆撞坏栏杆。

钢筋混凝土桥或砌石桥梁，应定期进行桥面养护或填土修路工作，要防止桥面裸露而被磨损坏。

对桥梁前及桥孔的柴草、碎渣、冰块等应及时清除打捞，防止阻塞壅水。

对桥孔上下游护坡和护底应经常检查，如有淘空、掉块、砌石松动或勾缝脱落等现象，应及时整修，使桥身完整，水流畅通。

（六）特设量水设备

经常检查水标尺的位置与高程，如有错位、变动的，应及时修复。水标尺刻画不清晰的，要描画清楚，以便准确地观测。

经常注意检查量水设备上下游冲刷或淤积情况，如有淤积或冲刷，要及时处理，尽量恢复原来水流状态，以保持其精确度。

定期检查边墙、翼墙、底板等部位有无淘空、冲刷、沉陷、错位等状况，发现后及时修复。

有钢、木构件的量水设备，应注意各构件连接部位有无松动、扭曲、错位等情况，发现问题及时修理，并要定期用涂料防腐、防锈，以延长使用年限。

三、渠系建筑物维修

渠系建筑物常见的损坏现象主要有沉陷、裂缝、倾斜、渗漏、滑坡、鼓肚、冲刷、磨损、基土流失沉陷及木结构腐蚀等，兹将各种损坏现象发生原因及处理方法分述如下。

（一）沉陷

建筑物运行过程中，如发生基础沉陷，轻则影响正常运行，重则破坏甚至倒塌。沉陷的原因及处理方法一般有以下几种：①地基承载能力较差，一般可采取加固地基的方法，如水泥灌浆、加固桩基等，以提高地基的承载能力。②水流淘刷基础，土壤流失，先采取防冲刷、截渗、增加反滤层等措施，制止继续淘刷，再将淘刷部分填实加固。③地基如有隐患，应查明原因及状况，分别加以处理。④应采取防渗措施，也可以在建筑物上下游增设防渗墙以截断渗流，防止继续沉陷。已经沉陷的部位，应按原设计材料加高至原设计高程。

（二）裂缝

产生裂缝的原因归纳起来主要有以下几种：①温度裂缝。如渡槽立柱、多孔闸的闸墩、管道、桥梁的混凝土栏杆等裂缝，应根据当地具体情况，按照温差的大小，用覆盖物调整温差，或采取增加伸缩缝等办法处理。②沉陷裂缝。如果地基发生不均匀沉陷，引起建筑物整体或局部裂缝，应首先对地基沉陷进行处理，然后用沥青或环氧树脂等材料对裂缝进行封闭处理。发现沉陷裂缝后，必须严加观测，研究、掌握变化情况，如地基沉陷已稳定，不影响建筑物安全时，可对裂缝只作封闭处理。③超负荷裂缝。常出现在桥梁面板和挡土墙面等处，应采取加固措施，并严禁超负荷。④冻胀裂缝。冻胀引起建筑物裂缝，大部分是混凝土板衬砌工程，板下土壤冻胀向上顶起，致使板面裂缝。

（三）倾斜

倾斜主要是由于地基受冲刷出现了不均匀沉陷，侧压力过大或受力不平衡等原因引起的，不论局部或整体倾斜，均会妨碍建筑物正常运行和安全。因此，必须加强观测，掌握发展动态，采取加固及整修断面以及开挖周围土基、重新回填等方法处理。

（四）渗漏

1. 裂缝渗水

对于气温变化而引起胀缩或因地基下沉而尚未稳定的渗水裂缝，一般用塑性材料处理，以适应继续变化的要求。常用的塑性材料有沥青、橡胶等。其修补方法是将裂缝凿开、清洗，而后用橡胶或沥青麻布填塞，对已经稳定下来，不再受气温变化影响的渗水裂缝，可将修补部位凿毛、湿润处理，然后将拌和好的砂浆抹到裂缝部位，压实养护，或用喷浆防渗。水玻璃是一种较好的防水剂和速凝剂，如与水泥搅拌使用，可以很快地堵塞漏水。

2. 建筑物施工质量差而漏水

如砖石砌体灰浆未填实，勾缝不密实，混凝土制品未捣固，管道接头封闭不严等发生漏水。一般处理办法是用水泥砂浆抹面、喷浆、涂抹沥青和用沥青油麻、石棉水泥等填塞，建筑物破坏严重的，则应大修改建。

3. 建筑物基础渗漏

建筑物基础渗漏的主要原因是上游水头过大，防渗设施被破坏或没有防渗设施；或基础土质松散、破碎、透水性较强等。处理办法是：降低上游水位；修复或增加防渗设施，如在上游铺黏土覆盖、修建截水墙、打防渗板桩、进行帷幕灌浆等，以减少或截堵渗漏量。对较大建筑物，应在基础下游加强反滤设施以降低渗透压力，防止基础土粒的流失。

（五）冲刷与磨损

建筑物投入运行后，常在上下游发生不同程度的冲刷，特别是渠系建筑物下游护底及护坡、护岸工程坝头和坝脚等，在高速水流部分多发生冲刷磨损。

建筑物进出口与土渠相接的地方冲刷，其主要原因是水流断面、流态变化、流速加大、消能不够等。冲刷较严重的可采取边坡、渠底加糙，加深齿墙，延长护砌段，加大或增设消能设施等办法处理。对流速不大、塌岸严重地段，可采用打桩编柳等生物措施，也可用土工编织袋装土或块石护砌防冲。

跌水、陡坡下游冲刷，主要原因是跌口单宽流量过大，消力池长度、深度不够或形式不良，渐变段太短，连接不顺直等。解决办法是：①对下游冲刷段进行砌石护砌。②加长、加深消力池，对消力设施进行改善。③结合渠道防渗，对下游渠道护砌。

高速水流对建筑物磨损。陡坡、跌水的陡坡段，泄水闸、冲沙闸的闸底等部位，由于长期承受高速水流冲刷，常发生严重的磨损。可用高强度水泥砂浆填实抹平或喷浆修平。抗磨能力较高的部位，可用环氧树脂等耐磨材料涂抹。

（六）滑坡与鼓肚

衬砌渠道及建筑物出口的两边护岸，常发生滑坡或鼓肚现象，其原因是：①衬砌体背后的土压力过大，土坡高而陡或堆放重物过多。②底部结构不合理或水流冲刷根基。③降水或其他来水浸入土坡，使土壤饱和，土压力增大。④冻胀影响。

处理时针对发生原因，采取改变结构形式、放缓边坡、减少土压力、修建排水沟、铺设垫层等措施。对于已发生滑坡和鼓肚的地段，要尽快地翻修处理以防扩大。

四、闸门、启闭机构的检修维护

闸门（包括斗门）是控制渠道流量和水位的建筑物，面广、量大、操作频繁，一定要有专人管理，严格执行操作规程和养护制度。

（一）闸门启闭时的一般要求

启闭闸门时，不应导致闸门发生不正常水流状态，如冲刷、淤积等现象。

建筑物安全无损。

闸门不能长期处于高速振动状态。

闸门启闭灵活。

闸前壅水高度不得超过设计水位。

（二）闸门启闭方法

1. 多孔式闸门

把闸门分成两组（奇数孔为一组，偶数孔为另一组），开启时先开一组，后开另一组。如开启高度较大，应分组逐步逐次开启到一定高度，然后将全部闸门升至规定高度。关闭时操作程序与上面方法步骤相同。

先开中孔，然后对称地开至边孔，如开启高度较大，应分别逐次提高到预定高度，闭闸时则先从两边开始闭闸，而后至中间闭闸。

全部闸门慢慢地同时启闭，由小到大，效果良好。

与河水流向近似平行的闸可先开启下游闸的边孔，逐次向上游开至边孔，闭闸时可先闭上游边孔，再逐步向下游关闭。

2. 分水闸、泄水闸（排沙闸）与节制闸联合运用的方法

当分水闸、泄水闸（排沙闸）与节制闸联合运用时，应先开分水闸或泄水闸，然后根据分水、泄水要求，开启全部或部分节制闸，或者同时缓开缓闭，互相配合进行，避免发生渠道壅水漫堤事故。

（三）启闭闸门应注意的问题

启闭前对启闭机是否灵活，丝杠有无损坏、扭曲，闸门、闸槽有无阻碍、破损等进行检查。

放水前各闸孔均应试行启闭一次。

闸下游无水或放水时上、下游水头差过大（超过1m左右），应逐步放大流量，并尽可能设法逐渐提高下游水位，以便消能防冲。

闸门启闭时，如发现启闭不灵、声音失常等异常现象时，应及时检查修理；如发生故障时，严防强行操作，以免损坏机件。

闸门与闸槽、闸门坎应密切配合，以防漏水。闭闸时，应注意消除闸底上的碎石、树根等杂物，不得用力下压，以免关闭不严，甚至损坏闸门及启闭机。

闭闸过程中应注意随时观测闸门开度标尺，以免闸门落到闸底时，仍继续旋转摇臂，压弯丝杠或损坏闸台。同时，当闸门快落到底时，要降低下降速度，以免下降过猛，损坏机件。

所有闸门、斗门的启闭操作，指定专人负责，摇把、钥匙要妥善保存，严禁随意开关。

（四）启闭机械应具备的安全措施

启动机械应灵活、准确、可靠。传动部分、钢丝绳、丝杠等构件，防止松动、变形、断丝，并经常涂油润滑防锈。

电源、照明、通信设施等，应经常处于良好状态，使其运用灵活，安全可靠。

机电设备重要部分要有防尘、防雨的护罩设备，较大的要有专用闸房。

为了使闸开关有准确安全的位置，应在丝杠上、闸槽上画有明显的标志、标尺。

（五）闸门、启闭机的养护

对闸门、启闭机械、机电动力通信、照明等设备，必须进行经常性维护和定期检修，以保持设备良好，运转正常。

闸、闸门及启闭机，要经常保持清洁，随时清理闸前淤积，启闭机件要定期擦洗、检修、上油及防腐、防锈等。

临河闸前要安置拦污栅，以拦截杂草树木、冰凌等漂浮物入渠，并有专人打捞，防止堵塞闸门、闸槽。

冬季结冰时，应经常在闸前打冰，打开一条离闸前 1 ~ 2m 宽缓冲带，以减轻因冰冻胀对闸门的冲击破坏。

闸前、闸基如发现渗漏、管涌，闸身出现裂缝、沉陷等情况，应立即停水观察检查，分析原因，进行处理。

闸门、启闭机械、机电设备、通信设施等，应定期检修，经常维护、操作及运行范围内不得堆放杂物。

钢木结构的闸门，应定期油漆，防腐防锈。闸门滚轮、吊索、弧门支铰等活动部位应定期清洗，加油润滑。如发生闸门变形、杆件弯曲或断裂、铆钉或螺栓松动，均应立即修复。部件或止水设备损坏时，应及时修理或更换。

钢丝网水泥闸门应经常清理表面泥垢及苔藓等水生物。如有保护层脱落、露筋、露网等，应用高标号水泥砂浆或环氧砂浆修补。

橡胶坝袋应定期涂防老化剂，打捞坝前漂浮物，防止刺伤坝袋。坝袋如有损坏、脱胶等现象，应及时修补。坝袋锚固装置、压板、螺栓、螺帽等如有松动、变形或损坏，必须立即旋紧补齐。

每次放水前后，应进行大检查，及时修理，主要检查项目是：①闸门、闸孔、底板有无磨损、冲刷和裂缝等现象。②闸底伸缩缝上的盖板是否完整，紫铜片等隔水板是否损坏，填料是否充满。③闸门上防漏止水橡皮是否完整，接头是否完好，启闭机械是否灵活，止水设施有无损坏，转动部分有无积尘、缺油现象。

有些简易闸的木质活动闸板，应编号防腐，并按顺序放置保管好，防止日晒雨淋。

（六）闸门、启闭机械的维修

1. 防腐

木质闸门必须做好防腐处理。其办法一般是采用涂油漆或用沥青浸煮，也可以采用其他防腐剂处理，如氟化钠、氟矽酸钠、氟矽酸铵等水溶防腐剂及煤芬油、蒽油、木馏油、煤焦油等防腐剂等。

2. 防锈

防止钢铁闸门锈蚀，一般用以下几种方法。

（1）油漆防锈

包括除锈与涂漆两道工序。除锈方法有人工和机械两种。人工除锈包括铲、敲、打磨、清洗四道工序。先铲掉浮锈，再用手锤敲掉底锈，然后用钢刷、砂布打磨、彻底除锈，最后用清水冲洗干净，用布擦干，再用松节油擦拭后，立即涂刷油漆。机械涂漆是用空气压缩机把砂子喷到闸门上，将铁锈除去。喷砂时要掌握好空气压缩机的压力大小，喷嘴与闸板的距离、角度与前进速度，以免发生漏喷及因喷砂过度而损坏闸门的现象。

喷漆一般常用红丹漆打底，银色沥青漆涂面，先刷底漆，再涂面漆。也有刷沥青防锈的，涂沥青时亦应先将铁锈擦洗干净，然后用高温的沥青液涂刷闸面。注意厚度要适当，防止花斑、漏刷、流淌、起皱等现象，在铆钉、杆件、螺栓等接合交叉处，更要细致涂刷，一般要求刷两遍。

（2）柏油水泥防锈

柏油水泥防锈和油漆防锈一样，也要事先将闸门铁锈清除干净，然后取一定的柏油加热，再掺入 12% ~ 15% 的水泥（水泥愈多，油料愈硬；水泥愈少，油料愈稀）。继续加热，再加入 5% 的煤粉，不断搅拌成均匀的溶液，涂刷前先将闸门用火烤热，再将配好的溶液均匀地涂于闸门，涂刷厚度 1mm 左右，若用红丹漆打底，则效果更好。柏油水泥的好处是抗冲和耐磨性能较好，耐盐性强，费用较低，采用此法时，应注意闸门加热不宜过高，以防变形。加热前要卸下各部零件，最好能在夏秋季施工，以保证涂刷质量。

（3）喷锌防锈

先将锌丝在高温中熔化，同时用压缩空气将熔融的锌吹成雾状微粒，并以较高的速度喷射到预先经过处理的闸门表面，形成镀锌层。这些雾状微粒在喷射过程中，受空气冷却而处于半熔状态，堆积到闸门表面后，立即变形，并迅速冷却收缩，而紧紧地嵌附在带有锚孔的闸门表面上。金属喷镀按熔化的方式一般可分为气喷镀和电喷镀两种。气喷镀是以乙炔等可燃气体与氧气混合燃烧作为热源；电喷镀是以电弧作为电热源。水利工程中的钢闸门及其他钢结构多采用气喷镀。实践证明，钢闸门镀锌经海水、工业污水等考验，显示了良好的防锈效果。

3. 防冰

北方严寒地区，冰冻对闸门危害性很大。因此，冬季应做好闸门的防冰凌工作。

在距闸门 2m 左右处，用锤、冰铲等工具经常打开冰层，防止冻结。

为了保护闸门的正常运用，在冰层打开后，应及时清除闸门上的冰块，并经常活动闸门，一般可在提闸前采用热水淋浇闸槽或轻轻敲打闸门的办法，使冰块脱落。

当流冰过闸时，在可能的情况下，应将闸门全部打开，以减轻壅冰及冰块对闸门冲击磨损作用。

较大闸门可采用空气压缩机，将空气打入冰层以下，使下部温水翻至表面防止冰盖形成。

当气候严寒、流冰严重时，应停止引水，以免渠道壅冰决口。

4. 防漏

防止闸门漏水，关键是做好防漏水设备的维护工作。止水设备一般置于闸底和两侧闸槽，止水设备既要封闭好不漏水，又要摩擦力小以减轻启闭动力。闸底漏水处理的方法有两种，一种是在闸底部嵌砌木块；另一种是在闸底部装设橡皮止水带。后者比前者止水效果好。

闸门两侧防漏，大部分采用橡皮止水，橡皮硬度要适宜，要符合设计尺寸，安装要注意质量和精度，平时要经常检查松动、损坏和丢失等现象，止水铁部件要注意防锈处理。

第五节 渠系重要建筑物的观测

一、观测的目的

监测水工建筑物运用期间的状态变化和工作情况，在发现不正常现象时及时分析原因，采取措施，防止事故发生，并改进运用方式，以保证工程安全运用。

了解施工期间水工建筑物状态变化，以保证施工质量。

通过在施工和运行期间对水工建筑物的状态变化和工作情况的分析研究，验证规划设计的合理性。

为水工建筑物的设计、施工、管理及科研工作提供资料。

二、渠系建筑物观测工作的程序与要求

设计部门设计时，应按照工程规模与要求，以确定水工建筑物的观测项目和方法，将观测设备的布置设计，作为工程设计文件内容的一部分。

施工期间，施工部门必须根据设计文件要求，负责安装观测设备，按时进行观测，并对资料进行整理分析，以掌握工程质量及其发展状态的变化，及时改进工作。管理人员在施工期间参与观测设备的安装及观测工作。①

在工程验收交接时，施工部门必须将观测设备、观测资料一起移交工程管理单位。

各水利工程管理单位应参照有关规范、通则、办法，根据建筑物具体情况制定工程观测细则，报上级主管部门批准后执行。

① 段庭森．水利工程输水隧洞及渠系建筑物测量放样 [J]. 大众标准化，2023（13）：43-45.

三、渠系建筑物观测工作必须遵循的原则

根据需要和要求对重要的建筑物进行全面的观测，对各种互相联系的工程，应配合进行观测。

对重要建筑物进行系统连续的观测。全部观测工作应严格按照规定的测次和时间顺序进行。

系统地结合建筑物荷重及其他影响建筑物工作的有关因素，对观测成果进行整理分析。

要保证观测成果的真实性和准确性。

四、重要建筑物观测方法

一般观察。即眼看、耳听、手摸或辅以简单工具如小刀、手锤等进行观察，及时发现建筑物渗漏、裂缝、冲刷、悬空等变异现象。

活动仪器观测。用精密测量仪器（水准仪、经纬仪），对建筑物的特设标点进行观测，如沉陷位移标点、测压管等。

固定仪器观测。利用专门埋设在建筑物内部的固定设备，如电阻应变计、压力计等，直接读数来观测记载。

特别情况下加强观察。对渠系建筑物在不同运用情况和外界因素影响下容易发生问题的部位应注意观察：①高水位运行期间，应加强对背水坡、反滤层及渗透溢出部位的观察。②暴雨期间，应加强观测建筑物表面和两岸山坡排洪情况及可能发生滑坡的部位。③泄水期间，应加强对水流形态、消能设备、冲刷淤积、震动及水面漂浮物等的观察。④水位消落期间，应加强对迎水坡可能发生滑坡部位的观察。⑤冰冻期间，应对可能受冰压或壅冰阻塞部位，进行冰凌情况的观察。

五、渠系建筑物的主要观测项目

渠系建筑物观测项目很多，主要的观测项目如下。

高填方、高边坡、库渠接合土坝等，有沉陷、位移、裂缝、浸润浅、管涌渗流量、渗水混浊度、固结、坝基渗水压力、绕坝渗流等项目；对于水中倒土填方及水力冲填坝，则必须观测固结与孔隙压力；对渠道高填方及高边坡，主要进行沉陷和位移的观测。

对混凝土及砌石工程，有沉陷、裂缝、位移、渗流量、混凝土温度、应力、绕坝渗流、渗漏水水质、坝体渗水扬压力、钢筋应力、伸缩缝、震动及过水面压力分布等项目。

对水闸，有上下游河（渠）床变形、水流形态、闸基扬压力、沉陷、裂缝、位移、绕岸渗流、波浪、伸缩缝、震动等项目。

对隧洞和涵管，有水流形态、下游河（渠）床变形、进口淤积、洞身变形、外水压力、漏水量、负压、气蚀、进气量、震动等项目。

第五章 灌区排水系统运行与管理

第一节 排水系统管理的一般要求

灌区排水沟（渠）的作用是排泄地面径流，降低或控制地下水位，以免造成对农作物的危害。它是灌区防洪、排涝、防渍和防治土壤盐碱化、沼泽化的重要工程设施。排水沟（渠）与灌溉渠道对农作物来说，具有同等的重要意义。因此，对排水系统，应与灌溉渠道一样重视，加强管理养护，使之充分发挥效益。

排水系统管理的一般要求如下：①排水系统建成后，应根据统一领导、分级管理的原则，建立管理组织，将所辖范围内的排水系统（包括干、支、斗沟等）全部分段分级管理起来；灌区内的排水系统应由灌区管理单位统一管起来。②进行经常性的检查维修、养护工作及定期性的清淤、整修工作，使排水系统畅通无阻。③必须按设计要求，保持排水沟（渠）断面标准，防止渠堤边坡坍塌垮岸。④不得将含沙量大的地面径流或灌溉余水排入排水沟（渠）内，防止淤积。⑤不得在排水沟（渠）内倾倒垃圾、杂物，定期清除杂草及渠底灌木，防止阻水淤积。⑥修建和整修田间排水沟（渠）的排（退）水建筑物，防止冲刷渠堤。⑦对排水系统应有计划地修建控制性建筑物，不得任意关闭，防止壅水淤渠。⑧严禁在排水沟渠上打坝堵水，使上游土地受涝减产。⑨排水渠系应有计划建设各种桥梁、涵洞、渡槽、陡坡、跌水、牲畜饮水处等建筑物，使排水系统配套齐全。⑩排水系统的干、支沟渠两旁，应大量植树造林，绿化环境，既保护渠堤，还可增加收入。

第二节 排水系统工程的变形与毁坏

排水渠系工程使用年限长，常会发生各种不同程度的变形毁坏，主要是坍塌淤积。一般来说，沙壤土地上的明式排水网的变形较重壤土或黏性土上的排水网变形严重。

排水渠系网建成后变形的原因有自然形成和人为造成两个方面，有些明式排水渠道投入使用后由于渠床土壤质地、地下水状况、气温冻胀等不同情况而变形。有的排水渠系设计施工中对流速、泥沙、冻胀等因素考虑不周，在运用过程中，形成变形。有的管理运用过程中由于人为堵塞、拦截、破坏等原因，也会造成局部变形损坏。排水系统变形情况及其发生原因分析如下。

一、排水系统变形情况

在排水条件下腐殖土层的沉陷。

沟道生长杂草与灌木。

沟底或横断面出现淤积，淤积现象经常出现在沟道凸岸，使部分沟段出现浅滩。

由于沟道凹岸常受水流冲刷，岸边土粒被水冲走，从而使沟渠横断面增大甚至形成弯曲的沟道。

由于沟道边坡系数选择不当，或由于风化和冻融等作用，形成沟堤坍塌变形，影响正常排水。

二、排水渠系变形的原因

在沼泽地排水过程中，腐殖质土壤会产生物理和化学变化，由于未经排水的沼泽地土壤中含有大量的不流动的水分，形成饱和或过饱和状态，随着排水沟道的开挖和长期的排水，沼泽土壤便自行固结，并发生沉陷。在排水后的最初阶段，其沉陷量约为渠道深度的 15% ~ 40%。以后沉陷逐渐变小变慢，一般排水渠运用一两年后，沉陷即可基本停止。由于沼泽地土壤的沉陷，致使排水渠深度减小，宽度增大。

有些沼泽地或盐渍化的土壤黏结性不均匀，在风化与分解作用下，将会丧失其黏结性，沟渠的边坡便会发生脱坡现象，久而久之，沿沟渠土壤便成片成块地从边坡滑落下来，使沟渠断面丧失了它原来的形状。

在深挖的情况下，沟渠底穿越多种不同的土壤层，在地下水溢出处便可能发生土粒被地下水带出的现象，天长日久，便在沟坡处形成宽隙，从而沿沟坡形成横向或纵向裂缝，裂缝越来越大，最后坍塌在沟渠槽内，沟道的过水断面被坍塌的土块淤塞甚至阻断，在较大排水沟道中，这是一种很普遍的变形。

沟渠底的破坏常常是由于上级排水沟渠与下级沟渠底衔接得不合理而引起的，如果下级排水渠正常水位低于上级排水沟的水位，则会造成跌流，这种跌流将会沿沟逐渐向上游发展，冲刷沟道，如不及时增建跌水或陡坡，就会造成排水沟道的严重冲刷。

在枯水期，小水流在渠底随意乱流。随着渠堤两岸滑塌淤积及部分冲刷，逐渐形成一条具有局部沉陷或淤积的弯曲渠槽。以后在隆起的地方便开始生长杂草或灌木，而这些杂草、灌木则更加速了沟道的淤积，使渠道的过水断面与输水能力减小，甚至丧失排水能力。

人为的排水渠变形包括设计不正确、施工不良及管理不善等方面。设计和施工方面，主要是选择渠道的边坡或纵坡不适当；管理方面，最常见的变形是在排水渠内填筑临时行车桥、人行便桥、拦水坝等，造成渠床的严重堵塞。

第三节 排水系统的养护

一、排水系统的检查养护

春季解冻后，对排水系统的各级渠道及其建筑物应详细检查登记，编制维修计划，报请有关上级水行政主管部门批准后，分先后次序，在雨季前完成。

春播后要做好排洪、泄洪前的准备工作。在汛期能及时泄洪、排涝，防止洪涝灾害的发生。

在植物生长期内，要及时清除渠道底、边坡、戗台和弃土堆上的杂草和灌木。

在汛期过后应对排水渠系及其建筑物进行汛后检查，并根据损坏情况进行大修或小修。

清除渠道中一切临时落入水流中并阻碍水流的物体，如植物根、茎、叶、土块、乱石、砖瓦、垃圾等。

在较大排水渠道中，应及时拆除各种阻碍水流运行的临时建筑物。

清除闸孔、桥孔、涵管口及拦渠土堤中泄水口的淤泥和淤积漂浮物等。

清除各沉沙池的淤沙及堵塞在池中的其他物体。

堵好、填实沿排水系统的灌溉田块向排水渠泄水的冲沟、土口。

二、排水系统维修

（一）小修

小修是排水系统管理养护中经常性的维修工作，一般由渠道专职管理人员或农村管护员负责完成。小修一般包括以下工作：①清除排水网中的杂草与灌木。②清除放水喇叭口、涵管口、桥孔、闸孔等附近的杂物。③清除排水沟道中的树根、树桩和漂浮在沟道中的乱木、乱草、砖石块，挖除阻碍水流的土堰，并注意清除为了行人和车辆跨越沟道而扔下去的砖石块、枯枝、秸秆等。④对排水沟道衬砌护面、便桥、行车桥及其他建筑物的小修小补。⑤做好汛前的一般准备工作。⑥修理沟道受冲刷的部位，加固个别冲刷部位等。

管理排水沟道与管理灌溉渠道一样，应经常分段分工有专人巡查，发现问题，要经常地、系统地实施小修小补，以保持排水畅通。

（二）抢修

抢修工作大都发生在洪水通过以后，险工往往出现在沟道或承泄河流的弯道水流顶冲处，若不及时抢修将会给附近道路、桥梁、水闸等建筑物造成很大的危害。在防汛前，应在可能发生险工的地段，备好一定的抢险器材，如发现紧急事故，必须组织力量，进行抢修。修理范围和重点，应根据具体损坏的程度与地点来确定，并报上级主管部门核查。

（三）大修

排水系统的大修是根据排水沟系各部分损坏的情况或规定的大修年限而进行的。对需要进行大修理或大清淤整修的沟渠，应进行纵横断面的测量，调查各段和各地边坡、沟底、戗台和弃土堆上杂草生长的情况，承泄河床冲刷或淤积变形地点和性质，各段淤积泥沙及形成浅滩、沙洲、沙嘴等的地点和性质，并注明全渠损坏处的准确桩号和分布情况。

在调查排水沟上建筑物时，应调查主要建筑物分布状况和损坏程度，分析原因及制订修复方案等。具体来说，大修工作包括以下几个方面：①土方量较大的沟道、河道的清淤整修工程，使它们有必要的过水断面、深度和纵坡。②整修或改建计划包括由于原设计、施工没有考虑到的多种因素所造成较大损坏或变形，达不到原设计效益等情况。③修理或改建各类建筑物的局部或全部，使之符合实际运用的要求。④修建或改建沟渠，增加或填塞不必要的沟渠，新修或改建节制闸，增建或改建排水网上的观测设备。

排水沟渠大修工程经过勘察、调查、测量后，填编各项文件（包括建筑物损坏明细表，渠道纵、横断面图，建筑物局部测量图等），然后编制大修工程设计。其设计包括：排水系统工程示意图，并在图上标明应大修的地段和建筑物；应修理地段的纵横断面图，并注明应完成的工程量；渠道和承泄区的综合损坏明细调查表，修理、改建说明书和预算；各种建筑物损坏明细表及改建设计图和预算书、施工设计及说明；投资明细表以及设计的说明书等。

排水渠系工程变形毁坏原因及修复方法见表 5-1。

表 5-1　排水渠系工程变形毁坏原因及修复方法

变形毁坏的形式	产生的原因	修复的方法
沼泽土的沉陷	由于沼泽土层变得密实，渠深减少；由于下层沼泽土沉陷，渠底下陷；由于边坡和渠底的不均匀沉陷，横断面和纵断面变形；由于渠底和边坡的沉陷，原来埋在土中的树桩和树干露出在边坡和渠底上	疏浚渠道；不需要修理；清理渠底和边坡；拔除和切去露出的树桩、树干，并清理到设计标高
边坡的损毁	由于稀泥和盐类从边坡流出，边坡和排水土壤表层塌落到渠道中；由于弃土堆的压力，沼泽土层隆起；在气候因素（冰冻等）的影响下，边坡表层发生龟裂和剥落；由于地表水流入渠中而冲刷边坡，在地下水渗出的作用下，边坡塌坡和破坏；由于修筑渡口、生活取水点等而破坏边坡	修整塌坡段的断面，随后加固边坡的基础；去除和铲平弃土堆，随后清理和平整渠底和边坡；在边坡上种草或铺草皮，定期清理渠道；修建排走地表水和渗出的地下水的引水工程。用盖面、种草等办法加固边坡；划出专门地点设置专门的建筑物以适应居民的日常生活用水的需要
渠底和边坡的冲刷	水的流速过大冲刷渠床；渠道交叉地点渠底和边坡的冲刷；渠道与承泄区或其他各级渠道连接时渠口部分的冲刷；流量很大的排水闸喇叭口出口部分的冲刷；渠道在曲率半径小的转弯地点上的冲刷；在裁弯取直渠段承泄区的冲刷	借修建小跌水和陡坡来减缓坡降；局部地减缓坡降，加固冲刷段，借种草加固边坡，修建立体交叉建筑物；在各渠道连接地点修建跌水或陡坡；用草皮或其他护砌工程加护边坡和喇叭口本身；加固凹岸，修建护屏，增大曲率半径；浚深裁弯取直的渠段

续表

变形毁坏的形式	产生的原因	修复的方法
渠道的淤积	渠中沙和淤泥的沉积；细颗粒土壤的淤积；位于河滩上的渠道被洪水淹没造成的淤积；由发展的侵蚀沟和受冲刷的喇叭口等带来的冲刷物沉积在承泄区中；渠道在相交地点或未经加固宽阔的蓄水池的淤积；在洪水时期由于形成壅水，渠道中沉积泥沙；由于水流不均匀和流速低，渠道发生淤积；渠道中建筑物的崩落、弃土堆、土堆、树、树桩以及其他位于渠边的物体被风吹和水冲而淤积渠道网；在修筑堰、水底梢捆护底以便通行和修建行车桥的地方泥沙的沉积；浮运木材的渠道被沉没的木材和垃圾所阻塞	加固冲刷段，修建沉沙池，清除渠道中泥沙；渠道清淤；修建导流丁坝和导流板以偏离泥沙和冲刷旧有的沉积；渠道清淤；借种树加固侵蚀沟和渠道的出口部分，修筑跌水等；用天然加固的方法（种树和种草等）加固蓄水池的受冲刷地段；修筑导流丁坝；清除渠道中的泥沙；修建改变渠中坡降和水流的整治工程；移去弃土堆，清除渠边和平台上的树桩、树木和其他可能掉入渠中的物体；清除泥沙；在水底梢捆护底和行车桥中修筑冲刷段；清除浮运时沉在水中之木材
渠底、边坡和平台的杂草丛生	渠道中水生植物丛生；渠道边坡和平台上木本植物和杂草丛生，因而降低渠道的输水能力	刈割草类；用树冠大的灌木和乔木树种遮蔽渠道；局部砍伐降低渠道过水能力的树木和草类平台、弃土堆、喇叭口和渠口
部分损坏	边坡坍塌的破坏；利用水道作浮运木材和通航之用的破坏；修筑通车段和步行小路破坏	加固边坡；要考虑到浮运木材的需要来加固水道；加固平台；修筑绕行的道路
建筑物的损坏	洪水对建筑物的冲刷和淘刷；冰和浮游物体冲坏建筑物；不及时修理建筑物使建筑物损坏；盗窃木材和其他材料零件	有系统地检查建筑物的使用情况；修理更换启闭零件；合理运用建筑物；流冰前破冰；修筑防阻冰和浮游物体的拦污设施；清除阻塞物和冰塞等

三、排水系统的监督检查

排水系统的监督检查工作，一年四季都要进行，使其经常处于完好的状态，发挥应有的效益。排水系统的监督检查应包括以下几项。

宣传排水系统及其建筑物的维护使用规则，并检查执行情况。

经常保护排水系统及其建筑物免受损坏。

巡查桥梁、涵洞与其他水工建筑物，发现问题，要及时报告，并采取安全措施。

禁止未经处理的有毒污水排入沟渠，对于排入的污水要进行药物防治，防止细菌和蚊蝇幼虫滋生及病害传播。

如遇较大的旱灾，在排水沟中，可借用节制闸等壅水建筑物，调节沟中水位，以提高附近的地下水位，便于农作物从根系中吸取地下水。

从沼泽地排出的水，一般水质较好，如地形许可，可在下游设闸拦水，自流引用或提水灌溉农田。

确定专人，定期观测沟渠水位和地下水位。

检查监督当地厂矿企业及其他单位和居民对排水系统技术管理规程执行情况。

第六章 水利工程维修养护管理

水利工程建筑物长期运行在复杂的自然条件下，受各种荷载作用、施工质量不高、管理运用不当等影响，容易产生各种缺陷，为了防止缺陷的进一步扩展，需要及时养护、修理，甚至除险加固。

水利工程的养护、修理、除险加固三者之间没有严格的界限，工程不经常养护容易产生缺陷及轻微损害，某些缺陷及轻微损害如不及时修理就会发展成严重破坏；反之，加强经常性的养护、及时维修，工程的破坏现象是可以防止或减轻的。水利工程的养护修理，必须坚持“经常养护、随时维修，养重于修、修重于抢”的原则。

在制订养护修理方案时，必须根据实际情况，因地制宜，就地取材，力求经济合理、技术科学。为了规范我国水利工程的养护修理工作，水利部制定并发布了《土石坝养护修理规程》（SL 210—2015）、《混凝土坝养护修理规程》（SL 230—2015）等行业标准。

第一节 土石坝的养护与修理

我国的水库大坝中，95% 以上为土石坝。土石坝的病害类型主要有裂缝、渗漏、滑坡、护坡破坏等几种。

一、土石坝的日常养护

土石坝的日常养护包括对坝顶及坝端、坝坡、排水设施、坝基和坝区、观测设施进行养护。

（一）坝顶及坝端的养护

坝顶应平整，无积水、杂草、弃物；防浪墙、坝肩、踏步完整，轮廓鲜明；坝端无裂缝、坑凹、堆积物等。

如坝顶出现坑洼或雨淋沟缺，应及时用相同材料填平补齐，并应保持一定的排水坡度；对经主管部门批准通行车辆的坝顶，如有损坏，应按原路面要求及时修复，不能及时修复的，应用土或石料临时填平。

防浪墙、坝肩和踏步出现局部破损，应及时修补或更换。

坝端出现局部裂缝、坑凹时，应及时填补，发现堆积物应及时清除。

坝面上不得种植树木、农作物，不得放牧、铲草皮以及搬动护坡和导渗设施的砂石材料等。

（二）坝坡的养护

干砌块石护坡或堆石护坡的养护：应及时填补、揳紧个别脱落或松动的护坡石料；及时更换风化或冻毁的块石，并嵌砌紧密；块石塌陷、垫层被淘刷时，应先翻出块石，恢复坝体和垫层后，再将块石嵌砌紧密；堆石或碎石石料如有滚动，造成厚薄不均时，应及时进行平整。

混凝土或浆砌块石护坡的养护：应及时填补伸缩缝内流失的填料，填补时应将缝内杂物清洗干净。护坡局部发生侵蚀剥落、裂缝或破碎时，应及时采用水泥砂浆表面抹补、喷浆或填塞处理，处理时表面应清洗干净；如破碎面较大，且垫层被淘刷、砌体有架空时，应用石料做临时性填塞。排水孔如有不畅，应及时进行疏通或补设。

草皮护坡的养护：应经常修整、清除杂草，保持完整美观；草皮干枯时，应及时洒水养护。出现雨淋沟缺时，应及时还原坝坡，补植草皮。

严寒地区护坡的养护：在冰冻期间，应积极防止冰凌对护坡的破坏。可根据具体情况，采用打冰道或在护坡临水处铺放塑料薄膜等办法减少冰压力；有条件的，可采用机械破冰法、动水破冰法或水位调节法，以破碎坝前冰盖。

（三）排水设施的养护

各种排水、导渗设施应达到无断裂、损坏、阻塞、失效现象，确保排水畅通。

必须及时清除排水沟（管）内的淤泥、杂物及冰塞，保持通畅。

对排水沟（管）局部的松动、裂缝和损坏，应及时用水泥砂浆修补。

排水沟（管）的基础如被冲刷破坏，应先恢复基础，后修复排水沟（管修复时，应使用与基础同样的土料，恢复到原来断面，并应严格夯实；排水沟（管）如设有反滤层时，也应按设计标准恢复。

随时检查修补滤水坝趾或导渗设施周边山坡的截水沟，防止山坡浑水淤塞坝趾导渗排水设施。

减压井应经常进行清理疏通，保持排水畅通；周围如有积水渗入井内，应将积水排干，填平坑洼，保持井周无积水。

（四）坝基和坝区的养护

对坝基和坝区管理范围内违反大坝管理规定的行为和事件，应立即制止并纠正。

设置在坝基和坝区范围内的排水、观测设施和绿化区，应保持完整、美观，无损坏现象。

发现坝区范围内有白蚁活动迹象时，应按土石坝防蚁的相关要求进行治理。

发现坝基范围内有新的渗漏溢出点时，不要盲目处理，应设置观测设备进行观测，待弄清原因后再进行处理。

严禁在大坝管理和保护范围内进行爆破、打井、采石、采矿、挖砂、取土、修坟等危害大坝安全的活动。

严禁在坝体修建码头、渠道，严禁在坝体堆放杂物、晾晒粮草。在大坝管理和保护范围内修建码头、鱼塘，必须经大坝主管部门批准，并与坝趾和泄水、输水建筑物保持一定的安全距离。

（五）观测设施的养护

各种观测设施应保持完整、无变形、损坏、堵塞现象。

经常检查各种变形观测设施的保护装置是否完好，标志是否明显，随时清除观测障碍物；观测设施如有损坏，应及时修复，并重新校正。

测压管口及其他保护装置，应随时加盖上锁，如有损坏应及时修复或更换。

水位观测尺若受到碰撞破坏，应及时修复，并重新校正。

量水堰板上的附着物和量水堰上下游的淤泥或堵塞物应及时清除。

二、土石坝裂缝的处理

土石坝坝体裂缝是一种较为常见的病害现象，大多发生在蓄水运用期间，对坝体存在着潜在的危险。

（一）土石坝裂缝的类型及成因

按裂缝原因分为干缩裂缝、冻融裂缝、沉陷裂缝、滑坡裂缝和震动裂缝；按裂缝方向分为龟纹裂缝、横向裂缝、纵向裂缝和水平裂缝；按裂缝部位分为表面裂缝和内部裂缝。在实际工程中，土石坝的裂缝常由多种因素造成，并以混合的形式出现。

干缩裂缝通常是由于坝体表面水分迅速蒸发，引起土体干缩，当收缩引起的拉应力超过坝体内部黏性土的约束时而出现的裂缝。一般发生在黏性坝体的表面或黏土心墙坝顶部或施工期黏土的填筑面上。这种裂缝分布较广，呈龟裂状，密集交错，缝的间距比较均匀，无上下错动。一般与坝体表面垂直，上宽下窄，呈楔形，缝宽通常小于1cm。

冻融裂缝主要是由于坝体表层土体因冰冻收缩而产生的裂缝。当气温再次骤降时，表层冻土将进一步收缩，此时受到内部未降温冻土的约束，进一步产生表层裂缝；当气温骤然升高时，经过冻融的土体不能恢复到原来的密实度而产生裂缝。冬季气温变化，黏土表层反复冻融形成冻融裂缝和松土层。冻融裂缝一般发生在冻土层以内，表层破碎，有脱空现象，缝深及缝宽随气温而异。

沉陷裂缝是由于不均匀沉陷引起的裂缝，按裂缝方向主要包括纵向裂缝、横向裂缝和水平裂缝。纵向裂缝，为与坝轴线平行的裂缝，主要是由于坝体在横向断面上不同土料的固结速度不同，或由坝体、坝基在横断面上产生较大的不均匀沉陷造成的，一般接近于直线，垂直向下延伸，规模较大，并深入坝体，多发生在坝的顶部或内外坝肩附近，有时也出现在坝坡和坝身内部。横向裂缝，为走向与坝轴线大致垂直的裂缝，产生的原因是沿坝轴线纵剖面方向相邻坝段的坝高不同或坝基的覆盖厚度不同，产生的不均匀沉陷超过一定限度时出现的裂缝，一般接近铅直或稍有倾斜地伸入坝体内，上宽下窄，多发生在坝端。水平裂缝，是指破裂面为水平面的裂缝，多为内部裂缝，常贯穿防渗体，而且在坝体内部较难发现，常出现在薄心墙土坝和修建于狭窄山谷中的坝中。

滑坡裂缝是因滑移土体开始发生位移而出现的裂缝，裂缝中段大致平行坝轴线，缝两端逐渐向坝脚延伸，在平面上略呈弧形，多出现在坝顶、坝肩、背水面及排水不畅的坝坡下部，在水位骤降或地震条件下，迎水面也可能出现滑坡裂缝，在相应部位的坝面或坝基上有带状或椭圆形隆起。

震动裂缝是由于坝体受强烈震动或地震后产生的裂缝，走向平行或垂直坝轴线方向，多暴露在坝面。

（二）土石坝裂缝的检查与判断

对土石坝裂缝的检查与判断，应借助日常管理和观测资料并结合地形、地质、坝型和施工质量等整理分析，根据裂缝常见部位，对坝体变形、测压管水位、土体中应力及孔隙水压力变化、水流渗出后的混浊度等进行鉴别，在初步确定裂缝位置后，再采用必要的探测方法弄清裂缝确切位置、大小及其走向。目前土石坝隐患探测的方法分为有损探测和无损探测两类，有损探测主要有人工破损探测和同位素探测；无损探测主要为电法探测。

1. 人工破损探测

对表面有明显征兆，沉降差特别大，坝顶防浪墙被拉裂的部位，可采用探坑、探槽和探井的方法探测，即人工开挖一定数量的坑、槽和井来实际检查坝体隐患情况。该法直观、可靠，易弄清裂缝位置、大小、走向及深度，但受到深度限制，目前国内探坑、探槽的深度不超过 10m，探井深度可达到 40m。

2. 同位素探测

同位素探测法也称放射性示踪法，包括多孔示踪法、单孔示踪法、单孔稀释法和单孔定向法等。是利用土石坝已有的测压管，投入放射性示踪剂模拟天然渗透水流运动状态，用核探测技术观测其运动规律和踪迹。通过现场实际观测可以取得渗透水流的流速、流向和途径。在给定水力坡降和有效孔隙率时，可以计算相应的渗透水流速度和渗透系数。在给定的渗透层宽度和厚度基础上，可以计算渗流量。

3. 电法探测

电法探测是在土石坝表面布设电极，通过电测仪器观测人工或天然电场的强度，分析这些电场的特点和变化规律，以达到探测工程隐患的目的。电法探测适用于土石坝裂缝、集中渗流、管涌通道、基础漏水、绕坝渗流、接触渗流、软土夹层以及白蚁洞穴等隐患探测，它比传统的人工破坏探测速度快、费用低，目前已被广泛采用。电法探测的方法主要有自然电场法、直流电阻率法、直流激发极法和甚低频电磁法。

（三）土石坝裂缝的处理

裂缝处理，首先应根据观测资料、裂缝特征和部位，结合现场探测结果，分析裂缝类型、产生原因，其次按照不同情况采取相应措施进行处理。非滑坡性裂缝处理方法主要有开挖回填法、灌浆法和两者相结合等方法。

1. 开挖回填法

开挖回填法是处理裂缝比较彻底的方法，适用于处理深度不超过 3m 的裂缝，或允许放空水库进行修补加固防渗部位的裂缝。

开挖的横断面形状应根据裂缝所在部位及特点的不同而不同。具体有以下几种。

（1）梯形揳入法

适用于不太深的非防渗部位裂缝。开挖时采用梯形断面，或开挖成台阶形的坑槽。回填时削去台阶，保持梯形断面，便于新老土料紧密结合。

（2）梯形加盖法

适用于裂缝不太深的防渗部位及均质坝迎水坡的裂缝。其开挖情形基本与“梯形揳入法”相同，只是上部因防渗的需要，适当扩大开挖范围。

（3）梯形十字法

适用于处理坝体和坝端的横向裂缝，开挖时除沿缝开挖直槽外，在垂直裂缝方向每隔一定距离（2 ~ 4m），加挖结合槽组成十字，为了施工安全，可在上游做挡水围堰。

开挖前应向裂缝内灌入较稀的石灰水，使开挖沿石灰痕迹进行，以利掌握开挖边界；对于较深坑槽应挖成阶梯形，以便出土和安全施工；挖出的土料不要大量堆积坑边，以利安全，不同土料应分开存放，以便使用；开挖长度应超过裂缝两端 1m 以外，开挖深度应超过裂缝 0.5m；坑槽挖好后，应保护坑口，避免雨淋、干裂、冰冻、进水，造成塌垮。

回填前应检查坑槽周围的含水量，如偏干则应将表面洒水湿润，如土体过湿或冰冻，应清除后，再回填；回填时，应将坑槽的阶梯逐层削成斜坡，并将接合面刨毛、洒水，要特别注意边脚处的夯实质量；回填土料应根据坝体土料和裂缝性质选用，并做物理力学性质试验；回填的土料应分层夯实，层厚以 10 ~ 15cm 为宜，压实厚度为填土厚度的 2/3，夯实工具按工作面大小选用，可采用人工夯实或机械碾压。

2. 灌浆法

对于采用开挖回填法有困难、危及坝坡稳定或工程量较大的深层非滑动裂缝和内部裂缝，可采用灌浆处理法。实践证明，合适的浆液对坝体中的裂缝、孔隙或洞穴均有良好的充填作用，同时在灌浆压力作用下对坝内土体有压密作用，使缝隙被压密或闭合。

（1）灌浆浆液

一般可采用纯黏土浆液。泥浆要求有足够的流动性；具有适当的凝固时间，在灌注过程中不凝固堵塞，灌注后又能较快凝固并有一定的强度；凝固时体积收缩量小，析出水分少，能与缝壁的土体胶结牢固。适宜的制浆土料以粉质黏土与重粉质壤土比较合适，黏粒含量为 20% ~ 30%，砂粒在 10% 以下，其余为粉粒。

当灌注位置处于浸润线以下，或对坝体内含有大量的砂、砾料渗透较严重的部位，宜采用黏土水泥混合浆液，以加速凝固，提高早期强度，避免浆液被渗流带走并可减少浆液凝固后的体积收缩。水泥掺量，约为土料重的

10% ~ 30%。水泥掺量过大，则浆液凝固后不能适应土坝变形而产生裂缝。

（2）孔位布置及造孔

对于土石坝表层可见的裂缝，孔位一般布置在裂缝的两端、转弯处、缝宽突然变化处及裂缝密集处。但应注意灌浆孔与导渗设施或观测设备之间应有足够的距离，一般不应小于 3m，以防止因串浆而影响其正常工作。对于坝体内部的裂缝，布孔时应根据内部裂缝的分布范围、灌浆压力和坝体结构综合考虑。一般宜在坝顶上游侧布置 1 ~ 2 排，孔距由疏到密，最终孔距以 1 ~ 3m 为宜，孔深应超过缝深 1 ~ 2m。

坝体灌浆的钻孔，一般要求用干钻以保护坝体，钻孔直径可为 75 ~ 110mm，堤防钻孔，一般孔径为 16 ~ 60mm。钻孔过程要注意做好取样试验，并详细记录土质及松散程度等资料。

3. 开挖回填与灌浆结合法

此法适用于自表层延伸到坝体深处的裂缝，当水库水位较高、不易全部开挖回填的部位，全部开挖回填有困难的裂缝。施工时对上部采用开挖回填，下部采用灌浆处理。先沿裂缝开挖至一定深度（一般为 2 ~ 4m）即进行回填，在回填时预埋灌浆管，回填完毕，采用黏土灌浆，进行坝体下部裂缝灌浆处理。

三、土石坝渗漏的处理

由于土石坝属于散粒体结构，在坝身土料颗粒之间存在着较大的孔隙，且土石坝对地基地质条件的要求相对较低，在土基或较差的岩基上均可筑坝。因此，水库蓄水后，在水压力的作用下，土石坝出现渗漏是不可避免的，但应控制在一定范围之内。

土石坝渗漏除沿地基中的断层破碎带或岩溶地层向下渗漏外，一般均沿坝体土料、坝基透水层或绕过坝端向下游渗漏，即按照渗漏部位的特征，相应称为坝体渗漏、坝基渗漏及绕坝渗漏。渗漏量过大，将损失水库蓄水量、抬高坝体浸润线、造成渗透破坏等危害。

（一）土石坝坝体渗漏的处理

1. 坝体渗漏的形式及原因

坝体渗漏的常见形式有散浸、集中渗漏、管涌及管涌塌坑、斜墙或心墙被击穿等。坝体浸润线抬高，渗漏的逸出点超过排水体的顶部，下游坝坡呈大片湿润状态的现象，称为散浸；而当下游坝坡、地基或两岸山包出现成股水流涌出的现象，则称集中渗漏；坝体中的集中渗漏，逐渐带走坝体中的土粒，自然形成管涌；若没有反滤保护（或反滤设计不当），渗流将把土粒带走，淘成孔穴，逐渐形成塌坑；当集中渗流发生在防渗体（斜墙和心墙）内，亦会使土料随渗流带出，即所谓的心墙（斜墙）击穿。

造成坝体渗漏的主要原因有以下几点：①坝身尺寸单薄，特别是塑性斜墙或心墙厚度不够。②排水体在施工时未按设计要求选用反滤料、铺设的反滤料层间混乱或泥沙堵塞等原因造成排水体失效，或因排水体设计断面过小高度不够。③坝体施工质量差，如土料含沙砾太多，在分层填筑时已压实的土层表面未经刨毛处理致使上下土层结合不良，铺土层过厚碾压不实，分区填筑的接合部少压或漏压造成坝体内形成薄弱夹层。④坝体不均匀沉陷引起横向裂缝，坝体与两岸接头不好而形成渗漏途径，坝下压力涵管断裂。⑤管理工作中，对白蚁、獾、鼠等动物在坝体内的孔穴未能及时发现并进行处理。⑥冬季施工中，填土碾压前冻土层没有彻底处理或把大量冻土填入坝内，形成软弱夹层。

2. 坝体渗漏的处理方法

坝体渗漏的处理，应按照“上堵下排”的原则，针对渗漏的原因，结合具体情况，采取以下不同的处理措施。

（1）斜墙法

斜墙法即在上游坝坡补做或加固原斜墙，堵截渗流，防止坝体渗漏。此法适用于大坝施工质量差，造成严重管涌、管涌塌坑、斜墙被击穿、浸润线及其逸出点抬高、坝身普遍漏水等情况。具体按照所用材料的不同，分为黏土防渗斜墙、沥青混凝土斜墙及土工膜防渗斜墙。

①黏土防渗斜墙。修筑黏土斜墙时，一般应放空水库，揭开护坡，铲去表土，再挖松 10 ~ 15cm，并清除坝身含水量过大的土体，然后填筑与原斜墙相同的黏土，分层夯实，使新旧土层结合良好。斜墙底部应修筑截水槽，深入坝基至相对不透水层。对黏土防渗斜墙的具体要求为：①所用土料的渗透系数应为坝身土料渗透系数的 1% 以下；②斜墙顶部厚度（垂直于斜墙坡面）应不小于 0.5 ~ 1.0m，底部厚度应根据土料容许水力坡降而定，一般不得小于作用水头的 1/10，最小不得少于 2m；③斜墙上游面应铺设保护层，用沙砾或非黏性土料自坝底铺到坝顶。厚度应大于当地冰冻层深度，一般为 1.5 ~ 2.0m。下游面按反滤要求铺设反滤层。

如果坝身渗漏不太严重，且主要是施工质量较差引起的，则不必另做新斜墙，只需降低水位，使渗漏部分全部露出水面，将原坝上游土料翻筑夯实即可。

当水库不能放空，无法补做新斜墙时，可采用水中抛土法处理，即用船载运黏土至漏水处，从水面均匀抛下，使黏土自由沉积在上游坝坡，从而堵塞渗漏孔道，不过效果没有填筑斜墙好。

对于坝体上游坡形成塌坑或漏水喇叭口，而其他坝段质量尚好的情况，可用黏土铺盖进行局部处理，在漏水口处预埋灌浆管，最后采用压力灌浆充填漏水孔道。

②沥青混凝土斜墙。在缺乏合适的黏土料，而有一定数量的合适沥青材料时，可在上游坝坡加筑沥青混凝土斜墙。沥青混凝土几乎不透水，同时能适应坝体变形，不致开裂，抗震性能好，工程量小（其厚度为黏土斜墙厚度的1/40 ~ 1/20），投资省，工期短。

③土工膜防渗斜墙。土工膜的基本原料是橡胶、沥青和塑料，当对其强度有要求时，加入绵纶布、尼龙布等加筋材料，与土工膜热压形成复合土工膜。土工膜具有很好的防渗性，其渗透系数一般都小于 10^{-8} cm/s。土工膜防渗墙与其他材料防渗斜墙相比，其施工简便，设备少，易于操作，节省造价，而且施工质量容易保证。土工膜铺设前应进行坡面处理，拆除原有护坡、清除树根杂草、挖除表层 0.3 ~ 0.5m，坡面修理平顺、密实。土工膜与坝基、岸坡、涵洞的连接以及土工膜本身的接缝处理是整体防渗效果的关键，沿迎水坡坝面与坝基、岸坡接触边线开挖梯形沟槽，然后埋入土工膜，用黏土回填；土工膜与坝内输水涵管连接，可在涵管与土石坝迎水坡相接段，增加一个混凝土截水环。由于迎水坡面倾斜，可沿坝坡每隔 5 ~ 10m 设置阻滑槽，然后回填不小于 0.5m 厚的砂或砂壤土保护层。土工膜的连接方式常有搭接、焊接、黏结等。

（2）灌浆法

对于施工质量差、坝体渗漏严重的均质坝或心墙坝，无法采用斜墙法进行处理时，可从坝顶或上游坝坡平台采用造孔灌浆的方法进行处理，在坝内形成一道灌浆帷幕，阻断渗漏通道。灌浆的方法主要包括劈裂灌浆法、高喷灌浆法、黏土固化剂灌浆等。

①劈裂灌浆法。劈裂灌浆是利用河槽段坝轴线附近的小主应力面一般平行于坝轴线的铅垂面的规律，沿坝轴线单排布置相距较远的灌浆孔，利用泥浆压力，沿坝轴线劈开坝体并充填泥浆，从而形成连续的浆体防渗帷幕。对于坝体比较松散、渗漏与裂缝众多或很深、开挖回填困难时，可选用劈裂灌浆法处理。

劈裂灌浆具有设备简单、效果好、投资省等优点。

②黏土固化剂灌浆法。黏土固化剂灌浆就是用80% ~ 90%的黏土、15% ~ 20%的水泥和水泥用量15% ~ 20%的黏土固化剂按1.5 ：1 ~ 1 ：1的水料比通过高速搅拌后，参照帷幕灌浆施工工艺注入坝身或坝基，充填（或劈裂）密实坝体内部各处洞穴、裂隙、土质松散等隐患，以达到消除渗漏，提高防渗能力的目的。黏土固化剂是一种新的灌浆材料，黏土固化剂灌浆技术是一种施工简单方便、防渗性能高、工程造价较低、低碳环保的防渗灌浆新技术。

（3）防渗墙法

防渗墙法是用一定的机具，按照相应的方式造孔，然后在孔内填筑防渗材料，最后在地基或坝体内形成一道防渗体，以达到防渗的目的。包括混凝土防渗墙、黏土防渗墙两种。

①混凝土防渗墙。一般是利用专用机具在坝身打孔，直径为0.5 ~ 1.0m，将若干圆孔连成槽形，用泥浆固壁，然后在槽孔内浇筑混凝土，形成一道整体混凝土防渗墙。适应于各种不同材料的坝体，坝高60m以内的情况。与其他防渗措施相比，具有施工速度快，建筑材料省，防渗效果好等优点，但成本较高，对施工道路要求高。

②黏土防渗墙。利用冲抓式打井机具，在土坝或堤防渗漏范围的防渗体中造孔，用黏性土料分层回填夯实，形成一个连续的黏土防渗墙。同时，在回填夯击时，对井壁土层挤压，使其井孔周围土体密实，以提高坝体质量，从而达到防渗加固的目的。适用于黏性较强的均质坝和宽心墙坝且能放空库水位的坝体渗漏处理，孔深一般不超过25m。黏土防渗墙法具有机械设备简单、施工方便、工艺易掌握、工程量小、工效高、造价低、防渗效果好等优点。

（4）导渗法

主要针对已经进入坝体的渗水，通过改善和加强坝体排渗能力，使渗水在不致引起渗透破坏的条件下，安全通畅地排出坝外。按具体不同情况，可采用以下几种形式。

①导渗沟法。当坝体散浸不严重，不致引起坝坡失稳时，可在下游坝坡上采用导渗法处理。导渗沟在平面上可布置成垂直坝轴线的沟或人字形沟（一般角度为45°），也可布置成两者结合的Y形沟。三种形式相比，渗漏不十分严重的坝体，常用I形导渗沟；当坝坡、岸坡散浸面积分布较广，且逸出点较高时，可采用Y形导渗沟；而当散浸相对较严重，且面积较大的坝坡及岸坡，则需用W

形导渗沟。

几种导渗沟的具体做法和要求为：①导渗沟一般深 0.8 ~ 1.2m、宽 0.5 ~ 1.0m，沟内按反滤层要求填砂、卵石、碎石或片石；②导渗沟的间距可视渗漏的严重程度，以能保持坝坡干燥为准，一般为 3 ~ 10m；③严格控制滤料质量，不得含有泥土或杂质，不同粒径的滤料要严格分层填筑；④为避免造成坝坡崩塌，不应采用平行坝轴线的纵向或类似纵向（口形、T 形等）导渗沟；⑤为使坝坡保持整齐美观，免受冲刷，导渗沟可做成暗沟。

②导渗砂槽法。对局部浸润线逸出点较高和坝坡渗漏较严重，而坝坡又较缓，且具有褥垫式滤水设施的坝段，可用导渗砂槽处理。它具有较好的导渗性能，对降低坝体浸润线效果亦比较明显。

③导渗培厚法。当坝体散浸严重，出现大面积渗漏，渗水又在排水设施以上出逸，坝身单薄，坝坡较陡，且要求在处理坝面渗水的同时增加下游坝坡稳定性时，可采用导渗培厚法。

导渗培厚即在下游坝坡贴一层砂壳，再培厚坝身断面。这样既可导渗排水，又可增加坝坡稳定。不过，需要注意新老排水设施的连接，确保排水设备有效和畅通，以达到导渗培厚的目的。

（二）土石坝坝基渗漏的处理

1. 坝基渗漏的现象及原因

坝基渗漏是通过坝基透水层从坝脚或坝脚以外覆盖层薄弱的部位逸出的现象。

坝基渗漏的根本原因是坝趾处的工程地质条件不良，直接原因存在于设计、施工和管理各个环节。

（1）设计方面

对坝趾的地质勘探工作做得不够，没有详细弄清坝基情况，未能针对性地采取有效的防渗措施，或防渗设施尺寸不够；薄弱部位未做补强处理，给坝基渗漏留下隐患。

（2）施工方面

对地基处理质量差，如岩基上部的冲积层或强风化层及破碎带未按设计要求彻底清理，垂直防渗设施未按要求做到新鲜基岩上。

施工管理不善，在库内任意挖坑取土，天然铺盖被破坏。

各种防渗设施未按设计要求严格施工，质量差。

（3）管理方面

运用不当，库水位消落，坝前滩地部分黏土铺盖裸露暴晒开裂，或在铺盖上挖坑取土打桩等引起渗漏。

对导渗沟、减压井养护维修不善，出现问题未及时处理，而发生渗透破坏。

在坝后任意取土、修建鱼池等也可能引起坝基渗漏。

2. 坝基渗漏的处理措施

坝基渗漏处理的原则，仍可归纳为“上堵下排”。即在上游采取水平防渗（如黏土铺盖）和垂直防渗（如截水槽、防渗墙等）两种措施，阻止或减少渗流通过坝基。在下游用导渗措施（如排水沟、减压井等）把已经进入坝基的渗流安全排走，不致引起渗透破坏。

（1）黏土截水槽

黏土截水槽，是在透水地基中沿坝轴线方向开挖一条槽形断面的沟槽，槽内填以黏土夯实而成。

对于均质坝或斜墙坝，当不透水层埋置较浅（10 ~ 15m 以内）、坝身质量较好时，应优先考虑这一方案。不过当不透水层埋置较深，而施工时又不便放空水库时，切忌采用，因施工排水困难，投资增大，不经济。对于均质坝和黏土斜墙坝，应注意使坝身或斜墙与截水槽的可靠连接。

（2）混凝土防渗墙

如果覆盖层较厚，地基透水层较深，修建黏土截水槽困难大，则可考虑采用混凝土防渗墙。其优点是不必放空水库，施工速度快，节省材料，防渗效果好。其上部应插入坝内防渗体，下部和两侧应嵌入基岩。

（3）帷幕灌浆

帷幕灌浆是在透水地基中每隔一定距离用钻机钻孔，伸入基岩以下 2 ~ 5m，然后在钻孔中用一定压力把浆液压入坝基透水层中，使浆液填充地基土中孔隙，使之胶结成不透水的防渗帷幕。

当坝基透水层厚度较大，修筑截水槽不经济；透水层中有较大的漂石、孤石，修建防渗墙较困难时，可优先采用灌浆帷幕。另外，当坝基中局部地方进行防渗处理时，利用灌浆帷幕亦较灵活方便。灌筑的浆液一般有黏土浆、水泥浆、水泥黏土浆、化学灌浆材料等。在沙砾石地基中，多采用水泥黏土浆；对于中砂、细砂和粉砂层，可酌情采用化学灌浆，但其造价较高。

（4）黏土铺盖

黏土铺盖是一种水平防渗措施，利用黏土在坝上游地基面分层碾压而成，覆盖渗漏部位，延长渗径，减小坝基渗透坡降。其特点是施工简单，造价低廉，但此法要求放空水库且坝区附近有足够的黏土资源。黏土铺盖一般在不严格要求控制渗流量、地基各向渗透性较均匀、透水地基较深，且坝体质量尚好、采用其他防渗措施不经济的情况下采用。

（5）坝后导渗

坝后导渗主要措施有排渗沟、透水盖重、减压井。

①排渗沟。当坝基轻微渗漏，造成坝后积水而透水层较浅时，可在坝下游修建排渗沟。既可收集坝身和坝基的渗水，排向下游，避免下游坡脚积水，又可当下游有弱透水层时排水减压。排渗沟可平行坝轴线或垂直坝轴线布置，并与坝趾排水体连接；垂直坝轴线的排渗沟间距视地基渗漏程度而定，一般为 5 ~ 10m，在沟的尾部设横向排渗干沟，将各排渗沟的水集中排走；对一般均质透水层沟只需深入坝基 1 ~ 1.5m；对双层结构地基且表层弱透水层不太厚时，应挖穿弱透水层；沟内按反滤材料设保护层；当弱透水层较厚时，不宜考虑其导渗减压作用。为了方便检查，排渗沟一般布置成明沟；但有时为防止地表水流入沟内造成淤塞，亦可做成暗沟，但工程量较大。

②透水盖重。当坝基渗漏严重，在坝后发生翻水冒砂、管涌或流土现象时，则不宜开排渗沟，而应采取压渗措施。透水盖重是在坝体下游渗流出逸的适当范围内，先铺设反滤料垫层，然后填以石料或土料盖重，它既能使覆盖层土体中的渗水导出又能给覆盖层土体一定的压重，抵抗渗压水头，故又称之压渗台。

常见的压渗台形式有两种：①石料压渗台，主要适用于石料较多的地区、压渗面积不大和局部的临时紧急救护，如果坝后有夹带泥沙的水流倒灌，则压渗台上面需用水泥砂浆勾缝；②土料压渗台，适用于缺乏石料、压渗面积较大、要求单位面积压渗重量较大的情况，需注意在滤料垫层中每隔 3 ~ 5m 加设一道垂直于坝轴线的排水管，以保证原坝趾滤水体排出通畅。

③减压井。减压井是利用造孔机具，在坝趾下游坝基内，沿纵向每隔一定距离造孔，并使钻孔穿过弱透水层，深入强透水层一定深度而形成。减压井的结构是在钻孔内下入井管（包括导管、花管、沉淀管），管下端周围填以反滤料，上端接横向排水管与排水沟相连。

这样可把地基深层的承压水导出地面，以降低浸润线，防止坝基渗透变形，避免下游地区沼泽化。当坝基弱透水层覆盖较厚，开挖排水沟不经济，而且施工也较困难时，可采用减压井。减压井是保证覆盖层较厚的沙砾石地基渗流稳定的重要措施。减压井虽然有良好的排渗降压效果，但施工复杂，管理、养护要求高，并随时间的推移，容易出现淤堵失效的现象。

（三）土石坝绕坝渗漏的处理

1. 绕坝渗漏的原因

水库的蓄水绕过土石坝两岸坡或沿坝岸接合面渗向下游的现象，称为绕坝渗漏。绕坝渗漏将使坝端部分坝体内浸润线抬高，岸坡背后出现阴湿、软化和集中渗漏，甚至引起岸坡塌陷和滑坡。

产生绕坝渗漏的主要原因有以下几点：①坝端两岸地质条件过差。如土石坝两岸连接的岸坡属条形山或覆盖层单薄的山包，且有沙砾透水层；透水性大的风化岩层；山包的岩体破碎，节理裂隙发育，或有断层通过等不利地质条件，而施工中未能妥善处理。②坝岸接头防渗措施不当。如对两岸地质条件缺乏深入了解，未提出合理的措施进行防渗处理，或采用截水槽等方案盲目进行防渗处理，不但没有切入不透水层，反而挖穿了透水性较小的天然铺盖，暴露出内部强透水层。③施工质量不符合要求。施工中由于开挖困难或工期紧迫等原因，未按设计要求施工，例如岸坡段坝基清基不彻底，坝端岸坡开挖过陡，截水槽回填质量较差等，造成坝岸接合质量差。④因施工期任意取土或水库蓄水后受风浪淘刷，破坏了上游岸坡的天然铺盖。⑤岩溶、生物洞穴以及植物根茎腐烂后形成孔洞等。

2. 绕坝渗漏的处理措施

绕坝渗漏的处理原则仍是“上堵下排”，以堵为主、结合下排。常用的处理措施有截水槽、防渗斜墙、黏土铺盖、灌浆帷幕、堵塞回填、导渗排水等方法。

当岸坡表面覆盖层或风化层较厚，且透水性较大时，可在岸坡上开挖深槽，切断覆盖层或风化层，直达不透水层，并回填黏土或混凝土，形成防渗截水槽；当坝体为均质坝或斜墙坝，岸坡平缓，基岩节理发育，岩石破碎，渗漏严重，附近又有许多合适黏土时，则可将上游岸坡清理后修筑黏土防渗斜墙；当上游坝肩岸坡岩石轻微风化，但节理发育或山坡单薄时，可沿岸坡设置黏土铺盖来进行防渗；当岸坡存在裂缝和洞穴，引起绕坝渗漏时，则先将裂缝和洞穴清理干净，然后较小的裂缝用砂浆堵塞，较大的裂缝用黏土回填夯实，与水库相通的洞穴，先在上游面用黏土回填夯实，再在下游面按反滤原则堵塞，并用排水沟或排水管将渗水导向下游；当坝端基岩裂隙发育，渗漏严重时，可在坝端岸坡内进行灌浆处理,形成防渗帷幕,但应与坝体和坝基的防渗设施形成一个整体；另外，可在土质岸坡下游坡面出现散浸的地段铺设反滤排水，在渗水严重的岩质岸坡下游及坡脚处打排水孔集中排水。对岩溶发育地区渗漏的处理包括地表处理和地下处理两种，地表处理主要有黏土或混凝土铺盖、喷水泥砂浆或混凝土等措施；地下处理主要有开挖回填、堵塞溶洞及灌浆等措施。

四、土石坝滑坡的处理

土石坝滑坡是指土石坝的部分坝坡土体，在各种内外因素作用下失去平衡，脱离原来的位置向下滑移的现象。

（一）土石坝滑坡的类型

土石坝滑坡按其性质可分为剪切性滑坡、塑流性滑坡和液化性滑坡。

1. 剪切性滑坡

坝坡与坝基上部分滑动体的滑动力超过了滑动面上的抗滑力，失去平衡向下滑移的现象，即剪切性滑坡。当坝体与坝基土层是高塑性以外的黏性土或粉砂以外的非黏性土时，多发生剪切性滑坡破坏。剪切性滑坡滑动前在坝面出现一条平行于坝轴线的纵向裂缝，然后随裂缝的不断延伸和加宽，两端逐渐向下弯曲延伸，形成曲线形。滑动时，主裂缝两侧便上下错开，错距逐渐加大。同时，滑坡体下部出现带状或椭圆形隆起，末端向坝趾方向推移。

2. 塑流性滑坡

塑流性滑坡多发生于含水量较大的高塑性黏土填筑的坝体中。高塑性黏土坝坡，在一定的荷载作用下，产生塑性流动（蠕动），即使剪应力低于土的抗剪强度，土体也将不断产生剪切变形，以致产生显著的塑性流动而滑坡。塑流性滑坡发生前，不一定出现明显的纵向裂缝，而通常表现为坡面的水平位移和垂直位移连续增长，滑坡体的下部土被压出或隆起。只有当坝体中间有含水量较大的近乎水平的软弱夹层，而坝体沿该层发生塑流破坏时，滑坡体顶端在滑动前才会出现纵向裂缝。

3. 液化性滑坡

对于级配均匀的中细砂或粉砂坝体或坝基，在水库蓄水砂体达到饱和状态时，突然遭受强烈震动（如地震、爆炸或地基土层剪切破坏等），砂的体积急剧收缩，砂体中的水分无法流泻，这种现象即液化性滑坡。液化性滑坡发生时间短促，事前没有预兆，大体积坝体顷刻之间便液化流散，很难观测、预报或抢护。

（二）土石坝滑坡的原因

土石坝滑坡，是由于滑动面上土体的滑动力超过了抗滑力，滑坡的产生往往是多种因素共同作用的结果，其主要取决于设计、施工和管理等因素。

1. 勘测设计方面的原因

某些设计指标选择过高，坝坡设计过陡，或对土石坝抗震问题考虑不足；坝端岩石破碎或土质很差，设计时未进行防渗处理，因而产生绕坝渗流；坝基内有高压缩性软土层、淤泥层，强度较低，勘测时没有查明，设计时也未作任何处理；下游排水设备设计不当，使下游坝坡大面积散浸等。

2. 施工方面的原因

施工时为赶速度，土料碾压未达标准，干密度偏低，或者是含水量偏高，施工孔隙压力较大；冬季雨季施工时没有采取适当的防护措施，影响坝体施工质量；合龙段坝坡较陡，填筑质量较差；心墙坝坝壳土料未压实，水库蓄水后产生大量湿陷等。

3. 运用管理方面的原因

水库运用中若水位骤降，土体孔隙中水分来不及排出，致使渗透压力增大；坝后排水设备堵塞，浸润线抬高；白蚁等害虫害兽打洞，形成渗流通道；在土石坝附近爆破或在坝坡上堆放重物等也均会引起滑坡。

另外，在持续暴雨和风浪淘刷下，在地震和强烈震动作用下也可能产生滑坡。

（三）滑坡的处理

1. 滑坡的抢护

对刚出现滑坡征兆的边坡，应根据情况采取紧急措施，使其不再继续发展并使滑动逐步稳定。主要的抢护措施有以下几点：①改善运用条件。例如在水库水位下降时发现上游坡有弧形裂缝或纵向裂缝时，应立即停止放水或减小放水量以减小降落速度，防止上游坡滑坡；当坝身浸润线太高，可能危及下游坝坡稳定时，应降低水库运行水位和下游水位，以保安全；当施工期孔隙水压力过高可能危及坝坡稳定时，应暂时停止填筑或降低填筑速度。②防止雨水渗入。导走坝外地面径流，将坝面径流排至可能滑坡范围之外。做好裂缝防护，避免雨水灌入，并防止冰冻、干缩等。③坡脚压透水盖重，以增加抗滑力并排出渗水。④在保证土石坝有足够挡水断面的前提下，亦可采取上部削土减载的措施。

2. 滑坡的处理

当滑坡已经形成且坍塌终止，或经抢护进入稳定阶段后，应根据具体情况研究分析，进行永久性处理。其基本原则是“上部减载，下部压重”并结合“上截下排”。具体措施如下。

（1）堆石（抛石）固脚

在滑坡坡脚增设堆石体，是防止滑动的有效方法。

如果用于处理上游坝坡的滑坡，在水库有条件放空时，可用块石浆砌而成，具体尺寸应根据稳定计算确定。当水库不能放空时，可在库岸上用经纬仪定位，用船向水中抛石固脚。同时注意，上游坝坡滑坡时，原护坡的块石常大量散堆于滑坡体上，可结合清理工作，把这部分石料作为堆石固脚的一部分。如果用于处理下游的滑坡，则可用块石堆筑或干砌，以利排水。堆石固脚的石料应具有足够的强度，一般不低于 40MPa，并具有耐水、耐风化的特性。

（2）放缓坝坡

当滑坡是由边坡过陡造成时，放缓坝坡才是彻底的处理措施。即先将滑动土体挖除，并将坡面切成阶梯状，然后把放缓的加大断面，用原坝体土料分层填筑，夯压密实。必须注意，在放缓坝坡时，应做好坝趾排水设施。

（3）开沟导渗滤水还坡

由于坝体原有的排水设施质量差或排水失效后浸润线抬高，使坝体饱和，从而增加了坝坡的滑动力，降低了阻滑能力，引起滑坡者，可采用开沟导渗滤水还坡法进行处理。具体做法为：从开始脱坡的顶点到坝脚为止，开挖导渗沟，沟中填导渗材料，然后将陡坎以上的土体削成斜坡，换填砂性土料，使其与未脱坡前的坡度相同，夯填密实。

（4）清淤排水

对于地基存在淤泥层、湿陷性黄土层或液化的均匀细砂层，施工时没有清除或清除不彻底而引起的滑坡，处理时应彻底清除这些淤泥、黄土和砂层。同时可采用开导渗沟等排水措施，也可在坝脚外一定距离修筑固脚齿槽，并用砂石料压重固脚，增加阻滑力。

（5）裂缝处理

对土坝伴随滑坡而产生的裂缝必须进行认真处理。因为土体产生滑动以后，土体的结构和抗剪强度都发生了变化，加上裂缝后雨水或渗透水流的浸入，使土体进一步软化，滑动体接触面处的抗剪强度迅速减小，稳定性降低。处理滑坡裂缝时应将裂缝挖开，把其中稀软土体挖除，再用与原坝体相同土料回填夯实，以达到原设计干容重要求。

在进行土石坝滑坡处理时，切忌采取错误的处理方法。对于滑坡主裂缝，原则上不应采用灌浆方法，因为浆液中的水将渗入土体，降低滑坡体之间的抗剪强度，对滑坡体的稳定不利，灌浆压力更会增加滑坡体的下滑力。不宜采用打桩固脚的方法处理滑坡，因为桩的阻滑作用很小，土体松散，不能抵挡滑坡体的推力，而且因打桩连续的振动，反而促使滑坡体滑动。对于水中填土坝，水力冲填坝，在处理滑坡阶段进行填土时，最好不要采用碾压法施工，以免因原坝体固结沉陷而开裂。

五、土石坝护坡的修理

我国已建土石坝护坡的形式，迎水坡多为干砌块石，也有浆砌块石、混凝土预制块、抛石等，背水坡常为草皮或干砌石护坡等。

（一）土石坝护坡破坏的类型及原因

常见护坡破坏的类型有脱落破坏、塌陷破坏、崩塌破坏、滑动破坏、挤压破坏、鼓胀破坏、溶蚀破坏等。

护坡破坏的原因是多方面的，总结主要有以下几个方面的原因：①由于护坡块石设计标准偏低或施工用料选择不严，块石重量不够，粒径小，厚度薄，有的石料风化严重。在风浪的冲击下，护坡产生脱落，垫层被淘刷，上部护坡因失去支撑而产生崩塌和滑移。②护坡的底端和护坡的转折处未设基脚，结构不合理或深度不够，在风浪作用下基脚被淘刷，护坡因失去支撑而产生滑移破坏。③护坡砌筑质量差，如缝隙较大、出现通缝等导致块石松动、脱出破坏。④没有垫层或垫层级配不好。护坡垫层材料选择不严格，未按反滤原则设计施工，级配不好，反滤作用差，在风浪作用下，细粒在层间流失，护坡被淘空，引起护坡破坏。⑤在严寒地区，冻胀使护坡拱起，冻土融化，坝土松软，使护坡架空；水库表面冰盖与护坡冻结在一起，冰温升降对护坡产生推拉力，使护坡破坏。⑥在运用过程中，水位骤降或遭遇地震，均易造成护坡滑坡的险情。

（二）护坡的抢护和修理

土石坝护坡的抢护和修理分为临时紧急抢护和永久加固修理两类。

1. 临时紧急抢护

当护坡受到风浪或冰凌破坏时，为了防止险情继续恶化，破坏区不断扩大，应该采取临时紧急抢护措施。临时抢护措施通常有沙袋压盖、抛石抢护和铅丝石笼抢护等几种。

（1）沙袋压盖

适用于风浪不大，护坡局部松动脱落，垫层尚未被淘刷的情况，此时可在破坏部位用沙袋压盖两层，压盖范围应超出破坏区 0.5 ~ 1.0m 范围。

（2）抛石抢护

适用于风浪较大，护坡已冲掉和坍塌的情况，这时应先抛填 0.3 ~ 0.5m 厚的卵石或碎石垫层，然后抛石，石块大小应足以抵抗风浪的冲击和淘刷。

（3）铅丝石笼抢护

适用于风浪很大，护坡破坏严重的情况。装好的石笼用设备或人力移至破坏部位，石笼间用铅丝扎牢，并填以石块，以增强其整体性和抵抗风浪的能力。

2. 永久加固修理

护坡经临时紧急抢护而趋于稳定后，应及时采取相应措施进行加固修理，永久加固修理的方法通常有局部填补翻砌、混凝土盖面加固、框格加固、干砌石缝胶结、沥青渣油混凝土加固等。

（1）局部填补翻修

应先将临时抢护的物料全部清除，将反滤体按设计修复，然后铺砌护坡。若是干砌石护坡，应选择符合设计要求的石块沿坝坡自下而上砌筑，石块应立砌，砌缝应交错压紧，较大的缝隙则用小片石填塞揳紧。若是浆砌石护坡，先将松动的块石拆除并清理干净，再取较方整的坚硬块石用坐浆法砌筑，石缝中填满砂浆并捣实，用高标号砂浆勾缝。若是堆石护坡，下部需做好反滤层，其厚度不小于 30cm，堆石层厚度为 50 ~ 90cm。若是混凝土护坡，对于现浇板，则应将破坏部位凿毛清洗干净，再浇混凝土；对于预制板，若板块较厚，损坏又不大，可在原混凝土板上填补混凝土，如损坏严重，则应更换新板。若是草皮护坡，应先将坝体土料夯实，然后铺一层 10 ~ 30cm 厚的腐殖土，再在腐殖土上重铺草皮。若是沥青混凝土护坡，对 1 ~ 2mm 的小裂缝，可不必处理，气温较高时能自行闭合；对较大的裂缝，可在每年 1—2 月裂缝开度最大时用热沥青渣油液灌注，对隆起和剥蚀部分则应凿开并冲洗干净，在风干后洒一层热沥青渣油浆，再用沥青混凝土填补。

（2）混凝土盖面加固

若原来的干砌石护坡的块石较小或浆砌石护坡厚度较小，强度不够，不能抵抗风浪的冲击和淘刷，可将原有护坡表面和缝隙清理干净，并在其上浇一层 5 ~ 7cm 厚的混凝土盖面，并用沥青混凝土板分缝，间距 3 ~ 5m。

（3）框格加固

若干砌石护坡的石块尺寸较小，砌筑质量较差，则可在原护坡上增设浆砌石或混凝土框格，将护坡改造为框格砌石护坡，以增加其整体性，避免大面积损坏。

（4）干砌石缝胶结

当护坡石块尺寸较小，或石块尺寸虽大，但施工质量不好，不足以抵御风浪冲刷时，可用水泥砂浆、水泥黏土砂浆、细石混凝土、石灰水泥砂浆、沥青渣油浆或沥青混凝土填缝，将护坡石块胶结成一体。施工时应先将石缝清理和冲洗干净，再向石缝中填充胶结料，并每隔一定距离保留一些细缝隙以便排水。

（5）沥青渣油混凝土加固

若护坡损坏严重，当地缺乏石料，而沥青渣油材料较易获得，则可将护坡改建为沥青渣油块石护坡，或沥青渣油混凝土（板）护坡等。

六、土石坝白蚁的防治

白蚁是一种危害性很大的昆虫，它的种类繁多，分布很广。白蚁按栖居习性不同，大致可分为木栖白蚁、土栖白蚁和土木两栖白蚁三种类型，危害堤坝安全的是土栖白蚁。白蚁在堤坝土壤里营巢筑路，主巢离地表的深度 1 ~ 3m，年久的可达 7m，它们到处寻水觅食，随着巢龄的增长和群体的发展，主巢搬迁由浅入深，巢体由小到大，主巢附近的副巢增多，蚁道蔓延伸长纵横交错，四通八达，贯穿堤坝内外坡，成为漏水通道。

（一）土石坝蚁害产生的原因

堤坝白蚁产生的原因主要有：清基不彻底，隐有旧蚁患；有翅成虫飞到堤坝营巢繁殖；附近白蚁蔓延到堤坝；管理工作不善，人为招致蚁害等。

（二）土石坝白蚁的防治

1. 土石坝白蚁的预防

土栖白蚁对堤坝的危害既隐蔽又严重，在白蚁对堤坝造成严重危害之前，通常不易被人发现。防治白蚁工作必须贯彻“防重于治，防治结合”的方针。预防堤坝白蚁一般有如下措施。

（1）做好清基工作

对新建的堤坝和扩建的加高培厚工程，施工前清除杂草和树根，仔细检查白蚁隐患，灭治附近山坡白蚁；严禁杂草树根上堤坝，避免蚁患填埋于堤坝中。

（2）毒土防蚁

利用化学药剂处理堤坝土壤，防止外来白蚁的侵入和灭治堤坝浅层的初建巢群。目前常用的药剂有五氯酚钠水溶液、氯丹乳剂、煤或柴油等。

（3）灯光诱杀有翅成虫

在每年4—6月的纷飞季节，利用有翅成虫的趋光习性，在坝区外装置黑光灯（气灯、煤油灯）诱杀有翅成虫，防止其从附近山地到堤坝建巢。

（4）改变堤坝表土结构，阻止新的群体产生

用掺入10%石灰或3%食盐的土壤以及两种掺入料比例降低一半的混合土壤填筑土坝表层，可使有翅成虫配对脱翅后均死于土表。铲去背水坡草皮，铺上厚10cm的煤灰渣，同样能防止繁殖蚁入土建巢。

（5）生物防治

在堤坝上放养鸡群，能将刚落在坝面上的有翅成虫啄食。同时鸡还经常翻动坝面上的枯草和白蚁的泥被、泥线，啄食出来活动的白蚁。

（6）加强工程管理

禁止在堤坝上长期堆放柴草、木材等白蚁喜食的杂物，并经常清除堤坝上的枯草和树根，逐步更换堤坝附近白蚁喜食的绿化树种（大叶桉）。

2. 土石坝白蚁的查找

（1）普查法

根据白蚁的生活习性，在每年白蚁活动的旺盛季节（一般为3—6月和9—11月），寻找白蚁修筑的蚁道、泥线和泥被等地表活动迹象。

（2）引诱法

在有白蚁的地方打入一根长50cm的松、杉、刺槐、柏或桉树的带皮木桩，深入土中约1/3，或挖掘多个长40cm、宽40cm、深50cm的坑，坑距5 ~ 15m，在坑内堆放桉树皮、甘蔗渣、茅草根、新鲜玉米和高粱茎，上面盖上松土，每天早晚定时检查桩上有无白蚁筑的泥被，定期检查坑里是否有白蚁，并跟踪查找主巢位置。

（3）锥探法

利用钢锥锥探坝体，检查坝体中是否有空腔，以判断坝内有无白蚁巢。

3. 土石坝白蚁的灭治

只有找到白蚁巢后进行灭杀，才能彻底地消灭白蚁。灭治白蚁的方法较多，一般可归纳为熏、灌、挖、喷、诱 5 种。现将常用的灭蚁方法分述如下。

（1）磷化铝（或磷化钙）熏杀

利用磷化铝在空气中易吸收水分而产生极毒的磷化氢气体来熏杀白蚁。操作方法为将磷化铝片剂 5 ~ 15 片（每片含 2g），放入装有湿棉球的玻璃试管内，立即把试管口插入已挖开的主蚁道，用湿布密封试管周围。为加速反应，可在试管底部加温。反应完毕，拔出试管，迅速用湿土封堵蚁道口，3 ~ 5 日白蚁的死亡率可达 100%。此法简单易行，效果较好，但操作时必须严守规程，以防中毒。用药后一周之内严禁人、畜进入施药地区。

还可以利用敌敌畏熏杀、六六六粉烟雾剂熏杀等方法，但要注意用烟雾剂熏杀白蚁，在蚁道畅通、离主巢又近时，效果才佳。

（2）灌毒泥浆毒杀

灌毒泥浆不仅能毒杀白蚁，还有填补蚁巢、空腔、蚁道和加固堤坝的作用。泥浆由过筛的黄泥（黏土）和药剂水液按重量比约为 1 ∶ 2 拌和而成，泥浆比重以 1.25 ~ 1.40 为宜。常用药剂水液有 0.1% ~ 0.2% 的五氯酚钠，0.3% ~ 0.5% 的六六六粉、氯丹，0.4% 的乐果和 0.1% ~ 0.2% 的敌百虫等。

灌浆灭蚁可利用主蚁道口或锥探孔进行，也可用小型钻机造孔灌浆。开始时，灌浆压力应控制在 4×10^4 Pa 以内，压力过大会造成土层破裂而冒浆，随后再逐渐加大，直至蚁道或堤面出现冒浆现象。此时，停止灌浆片刻，用泥封堵冒浆的地方，再重新慢灌至饱和为止，待浆液脱水收缩形成空隙时，可再进行灌浆。

（3）挖巢灭蚁

挖巢灭蚁方法简单，可发动群众进行，取巢后要及时熏灌残留在蚁道内的白蚁，杜绝后患。挖巢后，及时回填并结合工程处理，但在汛期翻挖蚁巢，应特别注意堤坝的安全。此法的缺点是工程量较大。

（4）喷灭蚁灵粉剂毒杀

灭蚁灵纯品是一种白色或淡黄色晶体，无气味，通常配成 75% 的粉剂，属慢性胃毒性杀虫剂。毒杀原理是利用白蚁在相遇时互相舔吮和通过工蚁给其他白蚁喂食的生活习性，使中毒的白蚁在巢群内互相传染，最后全巢死亡。

在每年 4—6 月或 9—11 月土栖白蚁在地表活动的两个高峰期，在堤坝坡面上按前述方法设置诱蚁坑或诱蚁堆，在短期内可引来大量白蚁，即可进行喷药。

喷药前先将泥皮扒开，然后轻轻提起饵物，将灭蚁灵粉喷在白蚁身上，再把饵料轻轻放回原处，盖上泥皮。过几天再检查，发现有白蚁再喷药，直至没有白蚁为止。

（5）灭蚁灵毒饵诱杀

此法由诱喷灭蚁灵粉方法改进而成，是目前灭治堤坝白蚁行之有效的新技术，已被广泛采用。毒饵系采用当地白蚁喜食饵料，经晒干粉碎成粉末状，再与灭蚁灵粉、白糖按一定重量比混合制成。目前各地采用的有毒饵条、片剂和诱杀包等。

毒饵诱杀法具有灭蚁效果好，操作简单安全，对周围环境污染小，省工、省时，药物费用少，适用于各种坝型等优点。但毒饵易霉变失效，所以保存和使用都应注意防潮防霉。

第二节 混凝土坝及浆砌石坝的养护修理

混凝土坝与浆砌石坝的病害类型主要有裂缝、渗漏破坏和抗滑稳定性不够等。

一、混凝土坝与浆砌石坝的日常养护

混凝土坝的维护是指对混凝土坝主要建筑物及其设施进行的日常保养和防护。主要包括工程表面、伸缩缝止水设施、排水设施、监测设施等的养护和维修以及冻害、碳化与氯离子侵蚀、化学侵蚀等的防护和处理。

（一）工程表面养护和防护

坝面和坝顶路面应经常整理，保持清洁整齐，无积水、散落物、杂草、垃圾和乱堆的杂物、工具。

溢流过水面应保持光滑、平整，无引起冲磨损坏的石块和其他重物，以防止溢流过水面出现空蚀或磨损现象。

在寒冷地区，应加强冰压、冻拔、冻胀、冻融等冻害的防护。

对重要的钢筋混凝土结构，应采取表面涂料涂层封闭的方法，防止混凝土碳化与氯离子对钢筋的侵蚀作用。

对沿海地区或化学污染严重的地区，应采取涂料涂层防护或浇筑保护层的方法，防止溶出性侵蚀或酸类和盐类侵蚀。

（二）伸缩缝止水设施维护

各类止水设施应完整无损，无渗水或渗漏量不超过允许范围。

沥青井出流管、盖板等设施应经常保养，溢出的沥青应及时清除。

沥青井 5 ~ 10 年应加热一次，沥青不足时应补灌，沥青老化时应及时更换。

伸缩缝充填物老化脱落时，应及时充填封堵。

（三）排水设施维护

排水设施应保持完整、通畅。

坝面、廊道及其他表面的排水沟、孔应经常进行人工或机械清理。

坝体、基础、溢洪道边墙及底板的排水孔应经常进行人工掏挖或机械疏通，疏通时应不损坏孔底反滤层。无法疏通时，应在附近补孔。

集水井、集水廊道的淤积物应及时清除。

二、混凝土坝与浆砌石坝裂缝的处理

（一）裂缝的分类及特征

混凝土坝及浆砌石坝裂缝是常见的现象，其类型及特征见表 6-1。

表 6-1　裂缝的类型及特征

类型	特征
沉陷缝	1. 裂缝往往属于贯通性的，走向一般与沉陷走向一致 2. 较小的沉陷引起的裂缝，一般看不出错距，较大的不均匀沉陷引起的裂缝，则常有错距 3. 温度变化对裂缝影响较小
干缩缝	1. 裂缝属于表面性的，没有一定规律性，走向纵横交错 2. 宽及长度一般都很小，如同发丝
温度缝	1. 裂缝可以是表层的，也可以是深层或贯穿性的 2. 表层裂缝的走向没有一定规律性 3. 钢筋混凝土深层或贯穿性裂缝，方向一般与主钢筋方向平行或近似于平行 4. 裂缝宽度沿裂缝方向无多大变化 5. 缝宽受温度变化的影响，有明显的热胀冷缩现象
应力缝	1. 裂缝属深层或贯穿性的，走向一般与主应力方向垂直 2. 宽度一般较大，沿长度和深度方向有明显变化 3. 缝宽一般不受温度变化的影响

（二）裂缝形成的主要原因

混凝土坝与浆砌石坝裂缝的产生，主要与设计、施工、运用管理等有关。

1. 设计方面

大坝在设计过程中，由于各种因素考虑不全，坝体断面过于单薄，致使结构强度不足，造成建筑物抗裂性能降低，容易产生裂缝。设计时，分缝分块不当，块长或分缝间距过大也容易产生裂缝。由于设计不合理，水流不稳定，引起坝体震动，同样能引起坝体开裂。

2. 施工方面

在施工过程中，由于基础处理、分缝分块、温度控制等未按设计要求施工，致使基础产生不均匀沉陷；施工缝处理不善或者温差过大，造成坝体裂缝。在浇筑混凝土时，施工质量控制不好，使混凝土的均匀性、密实性差，或者混凝土养护不当，在外界温度骤降时又没有做好保温措施，导致混凝土坝容易产生裂缝。

3. 运用管理方面

大坝在运用过程中，超设计荷载使用，使建筑物承受的应力大于设计应力产生裂缝。大坝维护不善或者在北方地区受冰冻影响而又未做好防护措施，也容易引起裂缝。

4. 其他方面

地震、爆破、台风和特大洪水等引起的坝体震动或超设计荷载作用，常导致裂缝发生。含有大量碳酸氢离子的水，对混凝土产生侵蚀，造成混凝土收缩也容易引起裂缝。

（三）裂缝处理的方法

混凝土及浆砌石坝裂缝的处理，目的是恢复其整体性，保持其强度、耐久性和抗渗性，以延长建筑物的使用寿命。裂缝处理的措施与裂缝产生的原因、裂缝的类型、裂缝的部位及开裂程度有关。沉陷裂缝、应力裂缝，一般应在裂缝已经稳定的情况下再进行处理；温度裂缝应在低温季节进行处理；影响结构强度的裂缝，应与结构加固补强措施结合考虑；处理沉陷裂缝，应先加固地基。

1. 裂缝表面处理

当裂缝不稳定，随着气温或结构变形而变化，而又不影响建筑物整体受力时，可对裂缝进行表面处理。常用的裂缝表面处理的方法有表面涂抹、表面贴补、凿槽嵌补和喷浆修补等。裂缝表面处理的方法也可用来处理混凝土表层的其他损坏，如蜂窝、麻面、骨料架空外露以及表层混凝土松软、脱壳和剥落等。

（1）表面涂抹

表面涂抹是用水泥砂浆、防水快凝砂浆、环氧砂浆等涂抹在裂缝部位的表面。这是建筑物水上部分或背水面裂缝的一种处理方法。

①水泥砂浆涂抹。涂抹前先将裂缝附近的表面凿毛，并清洗干净，保持湿润，然后用 1 ∶ 1 ~ 1 ∶ 2（水泥：沙）的水泥砂浆在其上涂抹。涂抹的总厚度一般控制在 1 ~ 2cm 为宜，最后压实抹光。温度高时，涂抹 3 ~ 4h 后即需洒水养护，冬季要注意保温，切不可受冻，否则强度容易降低。应注意，水泥砂浆所用砂子一般为中细砂，水泥可用不低于 32.5（R）号的普通硅酸盐水泥。

②环氧砂浆涂抹。环氧砂浆是由环氧树脂与固化剂、增韧剂、稀释剂配制而成的液体材料再加入适量的细填料拌和而成的。具有强度高、抗冲耐磨的性能。涂抹前沿裂缝凿槽，槽深 0.5 ~ 1.0cm，用钢丝刷洗刷干净，以保证槽内无油污、无灰尘。经预热后再涂抹一层环氧基液，厚约 0.5 ~ 1.0mm，再在环氧基液上涂抹环氧砂浆，使其与原建筑物表面齐平，然后覆盖塑料布并压实。

③防水快凝砂浆（或灰浆）涂抹。防水快凝砂浆（或灰浆）是在水泥砂浆内加入防水剂（同时又是速凝剂），以达到速凝同时又能提高防水性能的要求，这对涂抹有渗漏的裂缝是非常有效的。涂抹时，先将裂缝凿成深约 2cm、宽约 20cm 的 V 形或矩形槽并清洗干净，然后按每层 0.5 ~ 1cm 分层涂抹砂浆（或灰浆），抹平为止。

（2）表面贴补

表面贴补是用黏结剂把橡皮或其他材料粘贴在裂缝的表面，以防止沿裂缝渗漏，达到封闭裂缝并适应裂缝的伸缩变化的目的。一般用来处理建筑物水上部分或背水面裂缝的处理。

①橡皮贴补。橡皮贴补所用材料主要有环氧基液、环氧砂浆、水泥砂浆、橡皮、木板条或石棉线等。环氧基液、环氧砂浆的配制同涂抹用环氧砂浆。水泥砂浆的配比一般为 1 ∶ 0.8 ~ 1 ∶ 1（水泥∶砂），水灰比不超过 0.55，橡皮厚度一般采用 3 ~ 5mm 为宜，板条厚度以 5mm 为宜（见图 6-1）。

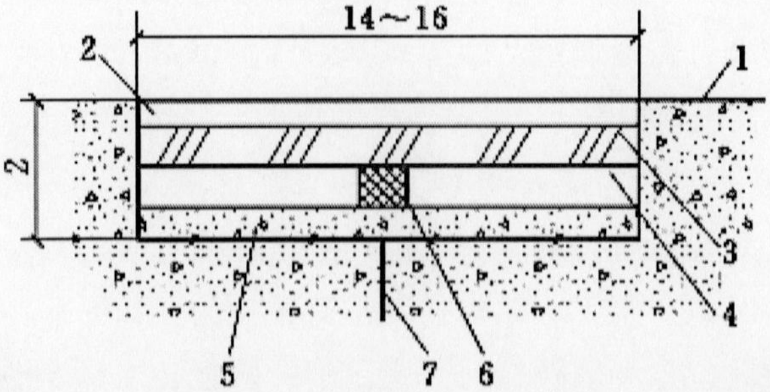

注：1—原混凝土；2—环氧砂浆；3—橡皮；4—环氧砂浆；5—水泥砂浆；6—板条；7—裂缝。

图 6-1 橡皮贴补裂缝（单位：cm）

施工工艺有以下要求：第一，沿裂缝凿深 2cm、宽 14 ~ 16cm 的槽并洗净。第二，在槽内涂一层环氧基液，随即用水泥砂浆抹平并养护 2 ~ 3d。第三，将准备好的橡皮进行表面处理，一般放浓硫酸中浸 5 ~ 10min，取出冲洗晾干。第四，在水泥砂浆表面刷一层环氧基液，然后沿裂缝方向放一根木板条，按板条厚度涂抹一层环氧砂浆，然后将"粘贴面"刷一层环氧基液的橡皮铺贴到环氧砂浆上，注意铺贴时要用力均匀压紧，直至环氧砂浆从橡皮边缘挤出为止。第五，侧面施工时，为防止橡皮滑动或环氧砂浆脱落，需设木支撑加压。待环氧砂浆固化后，可将支撑拆除。为防止橡皮老化，可在橡皮表面刷一层环氧基液，再抹一层环氧砂浆保护。

用橡皮贴补，也可在缝内嵌入石棉线，以代替夹入木板条，施工工艺基本相同，只是取消了水泥砂浆层。在实际工程中，也有用氯丁胶片、塑料片代替橡皮的，施工方法一样。

②玻璃布贴补。玻璃布的种类很多，一般采用无碱玻璃纤维织成，它具有耐水性能好、强度高的特点。

玻璃布在使用前，必须除去油脂和蜡，以便在粘贴时有效地与环氧树脂结合。玻璃布除油蜡的方法有两种：一种是加热蒸煮，即将玻璃布放置在碱水中煮 0.5 ~ 1h，然后用清水洗净；另一种是先加热烘烤再蒸煮，即将玻璃布放在烘烤炉上加温到 190 ~ 250℃，使油蜡燃烧，再将玻璃布放在浓度为 2% ~ 3% 的碱水中煮沸约 30min，然后取出洗净晾干。

玻璃布粘贴前，需先将混凝土表面凿毛，并冲洗干净，若表面不平，可用环氧砂浆抹平。粘贴时，先在粘贴面上均匀刷一层环氧基液，然后将玻璃布展开放置并使之紧贴在混凝土面上，再用刷子在玻璃布面上刷一遍，使环氧基液浸透玻璃布，接着再在玻璃布上刷环氧基液，按同样方法粘贴第二层玻璃布，但上层应比下层玻璃布稍宽 1 ~ 2cm，以便压边。一般粘贴 2 ~ 3 层即可。

（3）凿槽嵌补

凿槽嵌补是沿裂缝凿一条深槽，槽内嵌填各种防水材料，以堵塞裂缝和防止渗水。这种方法主要用于对结构强度没有影响的裂缝处理。沿裂缝凿槽，槽的形状可根据裂缝位置和填补材料而定。槽的两边必须修理平整，槽内要清洗干净（见图 6-2）。

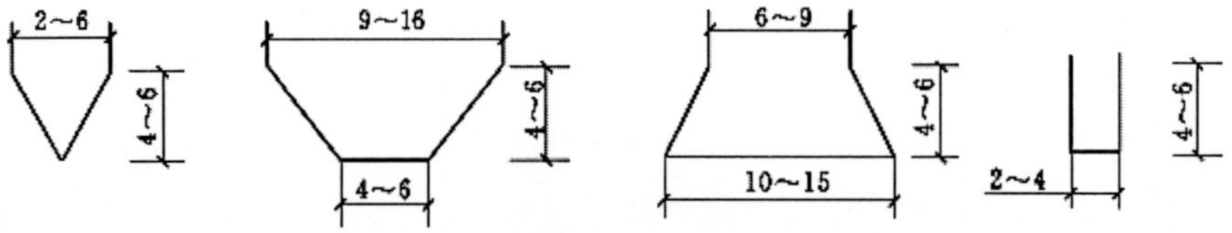

图 6-2　缝槽形状和尺寸（单位：cm）

嵌补材料的种类很多，有聚氯乙烯胶泥、沥青材料、环氧砂浆、预缩砂浆和普通砂浆等。嵌补材料的选用与裂缝性质、受力情况及供货条件等因素有关。因此，材料的选用须经全面分析后再确定。对于已稳定的裂缝，可采用预缩砂浆、普通砂浆等脆性材料嵌补；对缝宽随温度变化的裂缝，应采用弹性材料嵌补，如聚乙烯胶泥或沥青材料等；对受高速水流冲刷或需结构补强的裂缝，则可采用环氧砂浆嵌补。

（4）喷浆修补

喷浆修补是将水泥砂浆通过喷头高压喷射至修补部位，以达到封闭裂缝和提高建筑物表面耐磨抗冲能力的目的。根据裂缝的部位、性质和修理要求，可以分别采用挂网喷浆或挂网喷浆与凿槽嵌补相结合的方法。

①挂网喷浆。挂网喷浆所采用的材料主要有水泥、砂、钢筋、钢丝网、锚筋等。通常采用 32.5（R） ~ 42.5（R）的普通硅酸盐水泥，砂料以粒径 0.35 ~ 0.5mm 为宜；钢筋网由直径 4 ~ 6mm 的钢筋做成，网格尺寸为 100mm × 100m ~ 150mm × 150mm，节点焊接或者采用直径 1 ~ 3mm 的钢丝做钢丝网，尺寸为 50mm × 50mm ~ 60mm × 60mm 及 10mm × 10mm ~ 20mm × 20mm，节点可编结或扎结；锚筋通常采用 10 ~ 16mm 的钢筋。灰砂比根据不同部位喷射方向和使用材料，通过试验决定。

喷浆工艺有以下要求：第一，喷浆前，对被喷面凿毛冲洗干净，并进行钢筋网的制作和安装，钢筋网应加设锚筋，一般 5 ~ 10 个网格应有一锚筋，锚筋埋设孔深一般为 15 ~ 25cm。为使喷浆层和被喷面结合良好，钢筋网应离开受喷面 15 ~ 25mm。第二，喷浆前还应对受喷面洒水处理，保持湿润状态。第三，喷浆前还应准备充足的砂子和水泥，并均匀拌和好。第四，喷浆时应控制好气压和水压并保持稳定。喷浆压力应控制在 0.25 ~ 0.4MPa。第五，喷头操作。喷头与受喷面要保持适宜的距离，一般要求 80 ~ 120cm。过近会吹掉砂浆，过远会使气压损失，黏结力降低，影响喷浆强度。喷头一般应与受喷面垂直，这样使喷射物集中，减少损失，增强黏结力。若有特殊情况可以和喷射物呈一定角度，但要大于 70° 。第六，喷层厚度控制。当喷浆层较厚时，为防止砂浆流淌或因自重坠落等现象，可分层喷射。一次喷射厚度一般不宜超过下列数值：仰喷时，20 ~ 30mm；侧喷时，30 ~ 40mm；俯喷时，50 ~ 60mm。第七，喷浆工作结束后 2h 即应进行无压洒水养护，养护时间一般需 14 ~ 21d。

喷浆修补采用较小的水灰比、较多的水泥，从而可达到较高的强度和密实性，具有较高的耐久性，可省去较复杂的运输、浇筑及骨料加工等设备，简化施工工艺，提高施工工效，此法可用于不同规模的修补工程。但是，喷浆修补因存在水泥消耗较多、层薄、不均匀等问题，易产生裂缝，影响喷浆层寿命，从而限制了它的使用范围，因此须严格控制砂浆的质量和施工工艺。

②挂网喷浆与凿槽嵌补相结合。挂网喷浆与凿槽嵌补相结合施工流程为：凿槽→打锚筋孔→凿毛冲洗→固定锚筋→填预缩砂浆→涂抹冷沥青胶泥→焊接架立钢筋→挂网→被喷面冲洗湿润→喷浆→养护。

施工工艺：先沿缝凿槽，然后填入预缩砂浆使之与混凝土面齐平并养护，待预缩砂浆达到设计强度时，涂一层薄沥青漆。涂沥青漆 30min 后，再涂冷沥青胶泥。冷沥青胶泥是由 40 ∶ 10 ∶ 50 的 60 号沥青、生石灰、水，再掺入 15% 的砂（粒径小于 1mm）配制而成。冷沥青胶泥总厚度为 1.5 ~ 2.0cm，分 3 ~ 4 层涂抹。

2. 裂缝的内部处理

裂缝的内部处理是指贯穿性裂缝或内部裂缝常用灌浆方法处理。其施工方法通常为钻孔灌浆，灌浆材料一般采用水泥和化学材料，可根据裂缝的性质、开度以及施工条件等具体情况选定。对于开度大于 0.3mm 的裂缝，一般可采用水泥灌浆；对开度小于 0.3mm 的裂缝，宜采用化学灌浆；对于渗透流速大于 600m/d 或受温度变化影响的裂缝，则不论其开度如何，均宜采用化学灌浆处理。

（1）水泥灌浆

水泥灌浆具体施工程序为：钻孔→冲洗→止浆或堵漏处理→安装管路→压水试验→灌浆→封孔→质量检查。

水泥灌浆施工具体技术要求可参见《水工建筑物水泥灌浆施工技术规范》（SL 62—2014）。需注意的是：对钻孔孔向的要求，除骑缝浅孔外，不得顺裂隙钻孔，钻孔轴线与裂缝面的交角一般不应大于30°，孔深应穿过裂缝面0.5m以上，如果钻孔为两排或两排以上，应尽量交错或呈梅花形布置。钻进过程中，若发现有集中漏水或其他异常现象，应立即停钻，查明漏水高程，并进行灌浆处理后，再行钻进。钻进过程中，对孔内各种情况，如岩层及混凝土的厚度、涌水、漏水、洞穴等均应详细记录。钻孔结束后，孔口应用木塞塞紧，以防污物进入。

（2）化学灌浆

化学灌浆材料一般具有良好的可灌性，可以灌入0.3mm或更小的裂缝，同时化学灌浆材料可调节凝结时间，适应各种情况下的堵漏防渗处理。此外，化学灌浆材料具有较高的黏结强度，或者具有一定的弹性，对于恢复建筑物的整体性及对伸缩缝的处理效果较好。因此，凡是不能用水泥灌浆进行内部处理的裂缝，均可考虑采用化学灌浆。

化学灌浆的施工程序为：钻孔→压气（或压水）试验→止浆→试漏→灌浆→封孔→检查。化学灌浆施工具体技术要求可参见《水工建筑物水泥化学复合灌浆施工规范》（SL/T 802—2020）。

化学灌浆的灌浆材料可根据裂缝的性质、开度和干燥情况选用。常用的有以下几种。

①甲凝。甲凝是以甲基丙烯酸甲酯为主要成分，加入引发剂等组成的一种低黏度的灌浆材料。甲基丙烯酸甲酯是无色透明液体，黏度很低，渗透力很强，可灌入0.05～0.1mm的细微裂缝，在一定的压力下，还可渗入无缝混凝土中一定距离，并可以在低温下进行灌浆。聚合后的强度和黏结力很高，并具有较好的稳定性，但甲凝浆液黏度的增长和聚合速度较快。此材料适用于干燥裂缝或经处理后无渗水裂缝的补强。

②环氧树脂。环氧树脂浆液是以环氧树脂为主体，加入一定比例的固化剂、稀释剂、增韧剂等混合而成，一般能灌入宽0.2mm的裂隙。硬化后，黏结力强、收缩性小、强度高、稳定性好。环氧树脂浆液多用于较干燥裂缝或经处理后已无渗水裂缝的补强。

③聚氨酯。聚氨酯浆液是由多异氰酸酯和含羟基的化合物合成后，加入催化剂、溶剂、增塑剂、乳化剂以及表面活性剂配合而成。这种浆液遇水反应后，便生成不溶于水的固结强度高的凝胶体。此种浆液防渗堵漏能力强，黏结强度高，适用于渗水缝隙的堵水补强。

④水玻璃。水玻璃是由水泥浆和硅酸钠溶液配合而成的，两者体积比通常为1 ∶ 0.8 ~ 1 ∶ 0.6。水玻璃具有较高的防渗能力和黏结强度，适用于渗水裂缝的堵水补强。

⑤丙凝。丙凝是以丙烯酰胺为主剂，配以其他材料发生聚合反应，形成具有弹性的、不溶于水的聚合体。可填充堵塞岩层裂隙或砂层中空隙，并可把砂粒胶结起来，起到堵水防渗和加固地基的作用。但因其强度较低，不宜用作补强灌浆，仅用于地基帷幕和混凝土裂缝的快速止水。

随着各种大型工程和地下工程的不断兴建，化学灌浆材料得到了越来越广泛的应用。但化学灌浆费用较高，一般情况下应首先采用水泥灌浆，在达不到设计要求时，再用化学灌浆予以辅助，以获得良好的技术经济指标。此外，化学浆材都有一定的毒性，对人体健康不利，还会污染水源，在运用过程中要十分注意。

三、混凝土坝与浆砌石坝渗漏的处理

（一）渗漏的类型

混凝土及浆砌石坝渗漏，按其发生的部位，可分为坝体渗漏、坝基渗漏、坝与岩石基础接触面渗漏、绕坝渗漏。

（二）渗漏产生的原因

造成混凝土和浆砌石坝渗漏的原因很多，归纳起来有以下几个方面：①因勘探工作做得不够，地基中存在的隐患未能发现和处理，水库蓄水后引起渗漏。②在设计过程中，由于对某些问题考虑不全，在某种应力作用下使坝体产生裂缝。③施工质量差。如对坝体温度控制不严，使坝体内外温差过大产生裂缝；地基处理不当，使坝体产生沉陷裂缝；混凝土振捣不实，坝体内部存在蜂窝空洞；浆砌石坝勾缝不严；帷幕灌浆质量不好；坝体与基础接触不良；坝体所用建筑材料质量差等，均会导致渗漏。④设计、施工过程中采取的防渗措施不合理，或运用期间由于物理、化学因素的作用，使原来的防渗措施失效或遭到破坏，均容易引起渗漏。⑤运用期间，遭受强烈地震及其他破坏作用，使坝体或基础产生裂缝，引起渗漏。

（三）渗漏的处理措施

渗漏处理的基本原则是“上截下排”，以截为主，以排为辅。应根据渗漏的部位、危害程度以及修补条件等实际情况确定处理的措施。

1. 坝体裂缝渗漏的处理

坝体裂缝渗漏的处理可根据裂缝发生的原因及对结构影响的程度、渗漏量的大小和集中分散等情况，分别采取不同的处理措施。

（1）表面处理

坝体裂缝渗漏按裂缝所在部位可采取表面涂抹、表面贴补、凿槽嵌补等表面处理方法。对渗漏量较大，但渗透压力不直接影响建筑物正常运行的渗水裂缝，如在漏水出口进行处理时，先应采取以下导渗措施：

①埋管导渗。沿漏水裂缝在混凝土表面凿三角形槽，并在裂缝渗漏集中部位埋设引水铁管，然后用旧棉絮沿裂缝填塞，使漏水集中从引水管排出，再用快凝灰浆或防水快凝砂浆迅速回填封闭槽口，最后封堵引水管。

②钻孔导渗。用风钻在漏水裂缝一侧钻斜孔（水平缝则在缝的下方），穿过裂缝面，使漏水从钻孔中导出，然后封闭裂缝，从导渗孔灌浆填塞。

（2）内部处理

内部处理是通过灌浆充填漏水通道，达到堵漏的目的。根据裂缝的特征，可分别采用骑缝或斜缝钻孔灌浆的方式。根据裂缝的开度和可灌性，可分别采用水泥灌浆或化学灌浆。根据渗漏的情况，又可分别采取全缝灌浆或局部灌浆的方法。

2. 混凝土坝体散渗或集中渗漏的处理

混凝土坝由于蜂窝、空洞、不密实及抗渗标号不够等缺陷，引起坝体散渗或集中渗漏时，可根据渗漏的部位、程度和施工条件等情况，采取下列一种或几种方法结合进行处理。

（1）灌浆处理

灌浆处理主要用于建筑物内部密实性差、裂缝孔隙比较集中的部位。可用水泥灌浆，也可用化学灌浆，具体施工技术要求见本书上节内容。

（2）表面处理

对大面积的细微散渗及水头较小的部位，可采取表面涂抹处理，对面积较小的散渗可采取表面贴补处理。

（3）筑防渗层

防渗层适用于大面积的散渗情况。防渗层一般做在坝体迎水面，结构一般有水泥喷浆、水泥浆及砂浆防渗层等形式。

水泥浆及砂浆防渗层，一般在坝的迎水面采用 5 层，总厚度 12 ~ 14mm。水泥浆及砂浆防渗层施工前需用钢丝刷或竹刷将渗水面松散的表层、泥沙、苔藓、污垢等刷洗干净，如渗水面凹凸不平，则需把凸起的部分剔除，凹陷的用 1 ∶ 2.5 的水泥砂浆填平，并经常洒水，以保持表面湿润。防渗层的施工，第一层为水灰比 0.35 ~ 0.4 的素灰浆，厚度 2mm，分两次涂抹。第一次涂抹用拌和的素灰浆抹 1mm 厚，把混凝土表面的孔隙填平压实，然后再抹第二次素灰浆。若施工时仍有少量渗水，可在灰浆中加入适量促凝剂，以加速素灰浆的凝固。第二层为灰砂比 1 ∶ 2.5、水灰比 0.55 ~ 0.60 的水泥砂浆，厚度 4 ~ 5mm，应在初凝的素灰浆层上轻轻压抹，使砂粒能压入素灰浆层，以不压穿为度。这层表面应保持粗糙，待终凝后表面洒水湿润，再进行下一层施工。第三层、第四层厚度分别为 2mm 的素灰浆和厚度为 4 ~ 5mm 的水泥砂浆，操作工艺分别同第一层和第二层。第五层素灰浆层厚度 2mm，应在第四层初凝时进行，且表面需压实抹光。防渗层终凝后，应每隔 4h 洒水一次，保持湿润，养护时间按混凝土施工规范规定进行。

（4）增设防渗面板

当坝体本身质量差、抗渗等级低、大面积渗漏严重时，可在上游坝面增设防渗面板。

防渗面板一般用混凝土材料，施工时需先放空水库，然后在原坝体布置锚筋并将原坝体凿毛、刷洗干净，最后浇筑混凝土。锚筋一般采用直径 12mm 的钢筋，每平方米一根，混凝土强度一般不低于 C15。混凝土防渗面板的两端和底部都应深入基岩 1 ~ 1.5m。根据经验，一般混凝土防渗面板底部厚度为上游水深的 1/60 ~ 1/15，顶部厚度不少于 30cm。为防止面板因温度产生裂缝，应设伸缩缝，分块进行浇筑，伸缩缝间距不宜过大，一般为 15 ~ 20m，缝间设止水。

（5）堵塞孔洞

当坝体存在集中渗流孔洞时，若渗流流速不大，可先将孔洞内稍微扩大并凿毛，然后将快凝胶泥塞入孔洞中堵漏。若一次不能堵截。可分几次进行，直到堵截为止。当渗流流速较大时，可先在洞中揳入棉絮或麻丝，以降低流速和漏水量，然后再行堵塞。

（6）回填混凝土

对于局部混凝土疏松或由蜂窝空洞造成的渗漏，可先将质量差的混凝土全部凿除，再用现浇混凝土回填。

3. 混凝土坝止水、结构缝渗漏的处理

混凝土坝段间伸缩缝止水结构因损坏而漏水，其修补措施有以下几种。

（1）补灌沥青

对沥青止水结构，应先采用加热补灌沥青方法堵漏，恢复止水，若补灌有困难或无效，再用其他止水方法。

（2）化学灌浆

伸缩缝漏水也可用聚氨酯、丙凝等具有一定弹性的化学材料进行灌浆处理，根据渗漏的情况，可进行全缝灌浆或局部灌浆。

（3）补做止水

坝上游面补做止水，应在降低水位情况下进行，补做止水可在坝面加镶铜片或镀锌片，具体操作方法如下：①沿伸缩缝中心线两边各凿一条槽，槽宽3cm、深4cm，两条槽中心距20cm，槽口尽量做到齐整顺直。②沿伸缩缝凿一条宽3cm、深3.5cm的槽，凿后清扫干净。③将石棉绳放在盛有60号沥青的锅内，加热至170 ~ 190℃，并浸煮1h左右，使石棉绳内全部浸透沥青。④用毛刷向缝内小槽刷上一层薄薄的沥青漆，沥青漆中沥青、汽油比为6 ： 4，然后把沥青石棉绳嵌入槽缝内，表面基本平整。沥青石棉绳面距槽口面保持2.0 ~ 2.5cm。⑤把铜片或镀锌铁片加工成W形或弧形。紫铜片厚度不宜小于0.5mm，紫铜片长度不够时，可用铆钉铆固搭接。⑥用毛刷将配好的环氧基液在两边槽内刷一层，然后在槽内填入环氧砂浆，并将紫铜片嵌入填满环氧砂浆的槽内。将紫铜片压紧，使环氧砂浆与紫铜片紧密结合，然后加支撑将紫铜片顶紧，待固化后再拆除。⑦在紫铜片面上和两边槽口环氧砂浆上刷一层环氧基液，待固化后再涂上一层沥青漆，经15 ~ 30min后再涂一层冷沥青胶泥作为保护层。

4. 浆砌石坝体渗漏的处理

浆砌石坝的上游防渗部分由于施工质量不好，砌筑时砌缝中砂浆存在较多孔隙，或者砌坝石料本身抗渗标号较低等均容易造成坝体渗漏。浆砌石坝体渗漏可根据渗漏产生的原因，用以下方法进行处理。

（1）重新勾缝

当坝体石料质量较好，仅局部由于施工质量差、砌缝中砂浆不够饱满、有孔隙，或者砂浆干缩产生裂缝而造成渗漏时，均可采用水泥砂浆重新勾缝处理。一般浆砌石坝，当石料质量较好时，渗漏多沿灰缝发生，因此，认真进行勾缝处理后，渗漏途径可全部堵塞。

（2）灌浆处理

当坝体砌筑质量普遍较差，大范围内出现严重渗漏、勾缝无效时，可采用从坝顶钻孔灌浆，在坝体上游形成防渗帷幕的方法处理。灌浆的具体工艺见本书上节内容。

（3）加厚坝体

当坝体砌筑质量普遍较差、渗漏严重、勾缝无效，但又无灌浆处理条件时，可在上游面加厚坝体，加厚坝体需放空水库进行。若原坝体较单薄，则结合加固工作，采取加厚坝体防渗处理措施将更合理。

（4）上游面增设防渗层或防渗面板

当坝体石料本身质量差、抗渗标号较低，加上砌筑质量不符合要求、渗漏严重时，可在坝上游面增设防渗层或混凝土防渗面板，具体做法同混凝土坝。

5. 绕坝渗漏的处理

绕过混凝土或浆砌石坝的渗漏，应根据两岸的地质情况，摸清渗漏的原因及渗漏的来源与部位，并采取相应措施进行处理。处理的方法可在上游面封堵，也可进行灌浆处理。对土质岸端的绕坝渗漏，还可采取开挖回填或加深刺墙的方法处理。

6. 基础渗漏的处理

对岩石基础，如出现扬压力升高，或排水孔涌水量增大等情况，可能是由于原有帷幕失效、岩基断层裂隙扩大、混凝土与基岩接触不密实或排水系统堵塞等原因所致。对此，应首先要查清有关部位的排水孔和测压孔的工作情况，然后根据原设计要求、施工情况进行综合分析，确定处理方法。一般有以下几种方法：①若原帷幕深度不够或下部孔距不满足要求，可对原帷幕进行加深加密补灌。②若是混凝土与基岩接触面产生渗漏，可进行接触灌浆处理。③若为垂直或斜交于坝轴线且贯穿坝基的断层破碎带造成的渗漏，可进行帷幕加深加厚和固结灌浆综合处理。④若是排水设备不畅或堵塞，可设法疏通，必要时增设排水孔以改善排水条件。

四、混凝土坝及浆砌石坝抗滑稳定性的加固

重力坝是用混凝土或浆砌石修筑的大体积挡水建筑物，它的主要特点是依靠自重来维持坝身的稳定。

重力坝必须保证在各种外力组合的作用下，有足够的抗滑稳定性，抗滑稳定性不足是重力坝最危险的病害情况。当发现坝体存在抗滑稳定性不足，或已产生初步滑动迹象时，必须详细查找和分析坝体抗滑稳定性不足的原因，提出妥善措施，及时处理。

（一）重力坝抗滑稳定性不足的主要原因

根据对重力坝病害和失事情况的调查分析，坝体抗滑稳定性不足，主要是由于重力坝在勘测、设计、施工和运用管理中存在的如下问题造成的：①在勘测工作中，由于对坝基地质条件缺乏全面了解，特别是忽略了地基中存在的软弱夹层，往往因为采用了过高的摩擦系数而造成抗滑稳定性不足。②设计的坝体断面过于单薄，自重不够，或坝体上游面产生了拉应力，扬压力加大，使坝体稳定性不够。③施工质量较差，基础处理不彻底，使实际的摩擦系数值达不到设计要求，而坝底渗透压力又超过设计计算数值，造成不稳定。④由于管理运用不善，造成库水位超过设计最高水位过多，增大了坝体所受的水平推力或排水设施失效，增加了渗透压力，均会减小坝体的抗滑稳定性。

（二）增加重力坝抗滑稳定性的主要措施

重力坝承受强大的上游水压力和泥沙压力等水平荷载，如果某一截面的抗剪能力不足以抵抗该截面以上坝体承受的水平荷载，便可能产生沿此截面的滑动。由于一般情况下坝体与地基接触面的结合较差，因此，滑动往往是沿坝体与地基的接触面发生的。所以，重力坝的抗滑稳定分析，主要是核算坝底面的抗滑稳定性。坝底面的抗滑稳定性与坝体的受力有关，重力坝所受的主要外力有垂直向下的坝体自重、垂直向上的坝基扬压力、水平推力和坝体沿地基接触面的摩擦力等（见图 6-3）。

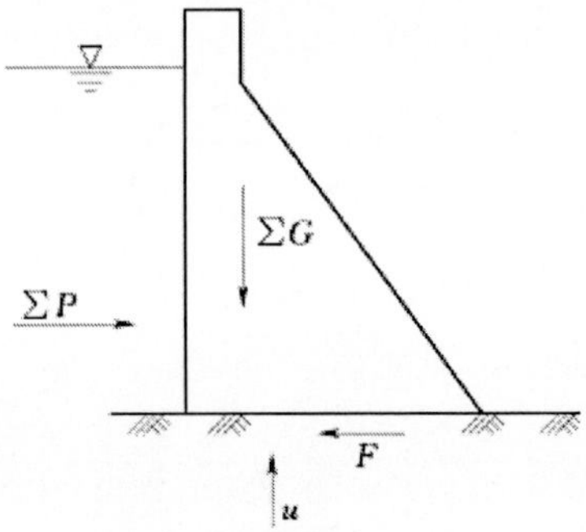

图 6-3　重力坝受力

注：∑ P—水平推力；∑ G—自重；F—抗滑力；u—扬压力。

摩擦力 F 的大小，决定于坝体重力与坝基扬压力之差和坝体与坝基之间的摩擦系数 f 的乘积。坝体的抗滑稳定性，可用下式表示：

$$k=\frac{F}{\sum P}=\frac{f(\sum G-u)}{\sum P}$$

式中，$\sum P$——水平推力，包括水压力、风浪压力、泥沙压力等；$\sum G$——垂直向下的坝体、水、泥沙的重力；u——垂直向上的坝基扬压力；f——抗剪摩擦系数；k——安全系数。

由上式可知，增加坝体的抗滑稳定，也就是增大安全系数，其途径有：减少扬压力，增加坝体重力，增加摩擦系数和减少水平推力等。

1. 减少扬压力

扬压力对坝体的抗滑稳定性有极大的影响，减少扬压力是增加坝体抗滑稳定性的主要方法之一。通常减少扬压力的方法有两种：一是加强防渗；二是加强排水。

（1）加强防渗

加强坝基防渗，可采用补强帷幕灌浆或补做帷幕措施，对减少扬压力的效果非常显著。

（2）加强排水

为减少扬压力，除在坝基上游部分进行补强帷幕灌浆以外，还应在帷幕下游部分设置排水系统，增加排水能力。两者配合使用，更能保证坝体的抗滑稳定性。

排水系统的主要形式是排水孔，排水孔的排水效果与孔距、孔径和孔深有关，常用的孔距为 2 ~ 3m，孔径为 15 ~ 20cm，孔深为帷幕深度的 0.4 ~ 0.6 倍。原排水孔过浅或孔距过大的，应进行加深或加密补孔，以增加导渗能力。

当原有的排水孔受泥沙等物堵塞时，可采用高压气水冲孔或用钻机清扫以恢复其排水能力。

2. 增加坝体重力

重力坝的坝体稳定，主要靠坝体的重力平衡水压力，所以，增加坝体的重力是增加抗滑稳定的有效措施之一。增加坝体重力可采用加大坝体断面或预应力锚固等方法。

（1）加大坝体断面

加大坝体断面可从坝的上游面或坝的下游面进行。从上游面增加断面时，既可增加坝体重力，又可增加垂直水重，同时可以改善防渗条件。但需放空水库或降低水库水位修筑围堰挡水才能施工。从坝的下游面增大断面，施工比较方便，但也应适当降低水库水位进行施工，这样有利于减少上游坝面拉应力。坝体断面增加部分的尺寸，应通过稳定计算确定，施工时还应注意新旧坝体之间结合紧密。

（2）预应力锚固

预应力锚固是从坝顶钻孔到坝基，孔内放置钢索，锚索一端锚入基岩中，在坝顶另一端施加很大的拉力，使钢索受拉、坝体受压，从而增加坝体抗滑稳定。

用预应力锚固来提高坝体抗滑稳定性，效果良好，但具有施工工艺复杂等缺点，且预应力可能因锚索松弛而受到损失。对于空腹重力坝或大头坝等坝型，也可采用腹内填石加重，不必加大坝体断面。

3. 增加摩擦系数

摩擦系数大小与坝体和地基的连接形式及清基深度有关。对于原坝体与地基的结合，只能通过固结灌浆的措施加以改善，从而提高坝体的抗滑稳定性。除此之外，通过固结灌浆还能增强基岩的整体性和其弹性模数，以增加地基的承载力，减少不均匀沉陷。

固结灌浆孔的深度，在上游部分坝基中，由于坝基可能产生拉应力，要求基岩有较高的整体性，故对钻孔要求较深，为 8 ~ 12m。在坝基的下游部分，应力较集中，也要求较深的固结灌浆孔，孔深也在 8 ~ 12m。其余部分，可采用 5 ~ 8m 的浅孔。固结灌浆孔距一般为 3 ~ 4m，呈梅花形或方格形布置。

4. 减小水平推力

减小水平推力可采用控制水库运用和在坝体下游面加支撑等方法。

（1）控制水库运用

控制水库运用主要用于病险水库度汛或水库设计标准偏低等情况。对病险库来讲，通过降低汛前调洪起始水位，可减小库水对坝的水平推力。对设计标准偏低的水库，通过改建溢洪道，加大泄洪能力，控制水库水位，也可达到保持坝体稳定的作用。

（2）坝体下游面加支撑

坝体下游面加支撑，可使坝体上游的水平推力通过支撑传到地基上，从而减少坝体所受的水平推力，又可增加坝体重力。支撑的形式包括在溢流坝下游护坦钻孔设桩、非溢流坝的重力墙支撑、钢筋混凝土水平拱支撑，可根据建筑物的形式和地质地形条件加以选用。

采用何种抗滑稳定的措施要因地制宜，补强灌浆和加大坝体断面是经常采用的两种有效措施，有些情况下也可采用综合性措施。

第三节 溢洪道的养护修理

溢洪道汛期泄洪时在高速水流作用下，易在陡坡段和出口处产生冲刷，造成陡坡底板被掀起、下滑，边墙被冲毁，消能设施被冲刷等破坏。

一、溢洪道的日常养护

溢洪道的日常养护主要包括以下内容：①对溢洪道的进水渠及两岸岩石的各种损坏进行及时处理，加强维护加固。②对泄水后溢洪道各组成部分出现的问题进行及时处理和修复。③做好控制闸门的日常养护，确保汛期闸门正常工作。④严禁在溢洪道周围爆破、取土和修建其他无关建筑物。⑤注意清除溢洪道周围的漂浮物，禁止在溢洪道上堆放重物。⑥如果水库的规划基本资料有变化，要及时复核溢洪道的过水能力。⑦北方在冬季若水位较高，结冰对闸门产生影响，应有相应的破冰和保护措施。

二、溢洪道在高速水流作用下破坏的处理

（一）破坏原因

陡坡段内坡陡、流急，水流流速大，流态混乱，再加上底板施工质量差，表面不平整造成局部气蚀；或因接缝不符合要求，水流渗入底板下，产生很大的扬压力；或底板下部排水失效，使底板下的扬压力增大；有些工程因底部风化带未清理干净，泡水后使强度降低并产生不均匀沉陷等，从而导致泄水槽的边墙和底板破坏。

有些溢洪道由于地形限制，采用直线布置开挖量过大，坡度过陡及高边坡的稳定不易解决，故常随地形布置成弯道。高速水流进入弯道，因受惯性力和离心力作用，互相折冲撞击，形成冲击波，使弯道外侧水位明显高于内侧，形成横向高差，易发生弯道破坏事故。

消能设施尺寸过小或结构不合理，底部反滤层不合要求，或平面形状布置不合理产生折冲水流，下泄单宽流量分布不均匀，造成水流混乱及流量过分集中，

出现负压区产生气蚀等造成消能设施破坏。

（二）溢洪道冲刷破坏的处理

1. 溢洪道泄洪槽冲刷破坏的处理

（1）弯道水流的影响及处理

有些溢洪道因地形条件的限制，泄槽段陡坡建在弯道上，高速水流进入弯道，水流因受到惯性力和离心力的作用，互相折冲撞击，形成冲击波，使弯道外侧水位明显高于内侧，形成横向高差，弯道半径 R 越小、流速越大，则横向水面坡降也越大。有的工程由此产生水流漫过外侧翼墙顶，使墙背填料冲刷、翼墙向外倾倒，甚至出现更为严重的事故。

减小弯道水流影响的措施一般有两种：一种是将弯道外侧的渠底抬高，造成一个横向坡度，使水体产生横向的重力分力，与弯道水流的离心力相平衡，从而减小边墙对水流的影响；另一种是在进弯道时设置分流隔墩，使集中的水面横比降由隔墩分散。

（2）动水压力引起的底板掀起及修理

溢洪道的泄槽段的高速水流，不仅冲击泄槽段的边墙，造成边墙冲毁，威胁溢洪道本身的安全，而且由于泄槽段内流速大，流态混乱，再加上底板表面不平整，有缝隙，缝中进入动水，使底板下浮托力过大而被掀起破坏。因此，溢洪道在平面布置上要合理，尽量采用直线、等宽、一坡到底的布置形式。若必须收缩，也应控制收缩角度不超过 18°；若必须变坡，最好先缓后陡，并尽可能改善边壁条件，变坡处均应用曲线连接，使水流贴槽而流，避免产生负压，减小冲击波的干扰和反射，改善进入消力池的水流条件。同时要求衬砌表面平整，局部凸出的部分不能超过 3 ~ 5mm；横向接缝不能有升坎；接缝形式应合理，能防止高速水流进入；并在接缝处设好止水，下部设有良好的反滤设施等。

（3）泄槽底板下滑的处理

泄槽底板可能因摩擦系数小、底板下扬压力大、底板自重轻等原因，在高速水流作用下向下滑动。为防止土基上的底板下滑、截断沿底板底面渗水或被掀起，可在每块底板端部做一段横向齿墙，齿墙深度为 0.4 ~ 0.5m。

岩基上的薄底板，因自重较轻，有时需用锚筋加固以增加抗浮性。锚筋可用直径 20mm 以上的粗钢筋，埋入深度 1 ~ 2m，间距 1 ~ 3m，上端应很好地嵌固在底板内。土基上底板如自重不够，可采用锚拉桩的办法，桩头采用爆扩桩效果更好。

（4）排水系统失效的处理

泄槽端底板下设置排水系统是消除浮托力、渗透压力的有效措施。排水系统能否正常工作，在很大程度上决定底板是否安全可靠。排水系统失效一般需翻修重做。

（5）地基土掏空破坏及处理

当泄槽底板下为软基时，由于底板接缝处地基土被高速水流引起的负压吸空，或者板下排水管周围的反滤层失效，土壤颗粒随水流经排水管排出，均易造成地基被掏空、底板开裂等破坏。前者的处理方法是做好接缝处反滤，并增设止水；后者的处理方法是对排水管周围的反滤层重新翻修。

为适应伸缩变形需要设置伸缩缝，通常缝的间距为 10m 左右。土基上薄的钢筋混凝土底板对温度变形敏感，缝间距应略小些；岩基上的底板因受地基约束，不能自由变形，往往自发地产生发丝缝来调整内部的应力状态，所以只需预留施工缝即可。

缝内可不加任何填料，只要在相邻的现浇混凝土接触面上刷一层肥皂水或废机油即可。也有一些工程采用沥青油纸、沥青麻布作为填料。底板接缝间还需埋设橡胶、塑料止水或铝片止水。承受高速水流的底板，要注意表面平整度，切忌上块低于下块而产生极大的动水压力，使水流潜入底板下边，掀起底板。在底板与地基之间，除了直接做在基岩上的以外，一般需设置一层厚 10 ~ 20cm 的砂垫层，以减少地下水渗透压力，但要注意闸室底板下不可设置垫层，以免缩短对防渗有利的渗径长度。

2. 消能设施冲刷破坏的处理

对底流消能，可改善消力池的结构形式和尺寸达到防止破坏的目的。如新疆福尔海水库二级水电站的泄水槽末端采用圆形断面 2m 深的消力池消能，运行多年情况良好。

挑流消能应正确选择挑射角度及相应的设计流量等。

三、加大溢洪道泄流能力的措施

（一）复核溢洪道过水断面的泄流能力

溢洪道的泄洪能力主要取决于控制段。因溢洪道控制段的水流大多是堰流，因此可用堰流公式分析溢洪道的泄洪能力。公式如下：

$$Q = \varepsilon m B\sqrt{2g}H^{3/2}$$

式中，H——堰顶水头，m；B——堰顶宽度，m；m——流量系数；ε——侧收缩系数；g——重力加速度，$g=9.8m/s^2$；Q——泄洪流量，m^3/s。

由上式可知，溢洪道过水能力与堰上水深、堰型和过水净宽等有关，要经常检查控制段的断面、高程是否符合设计要求。

为了全面掌握准确的水库集水面积、库容、地形、地质条件和来水来沙量等基本资料，在复核泄流能力前必须复核以下资料：①水库上下游情况。上游的淹没情况，下游河道的泄流能力，下游有无重要城镇、厂矿、铁路等，它们是否有防洪要求，万一发生超标准特大洪水时，可能造成的淹没损失等。②集水面积。是指坝趾以上分水岭界限内所包括的面积。集水面积和降水量是计算上游来水的主要依据。③库容。一般说水库库容是指校核洪水位以下的库容，在水库管理过程中可从水位与库容、水位与水库面积的关系曲线中查得。故对水位—库容曲线也要经常进行复核。④降水量。降雨量是确定水库洪水的主要资料，是确定防洪标准的主要依据。确定本地区可能最大降水时，应根据我国长期积累的文献资料，做好历史暴雨和历史洪水的调查考证工作，配合一定的分析计算，使最大降水值合理可靠。⑤地形地质。从降水量推算洪峰流量时，还要考虑集水面积内的地形、地质、土壤和植被等因素，因它们直接影响产流条件和汇流时间，是决定洪峰、洪量和洪水过程线及其类型的重要因素。另外，要增建或扩建溢洪道时，也要考虑地形地质条件。

（二）增大溢洪道泄流能力的措施

1.扩建、改建和增设溢洪道

溢洪道的泄流能力与堰顶水头、堰型和溢流宽度等有关。扩建、改建工作也主要从这几个方面入手。

（1）加宽方法

若溢洪道岸坡不高，挖方量不大，则应首先考虑加宽溢洪道控制段断面的方法。若溢洪道是与土坝紧密连接，则加宽断面只能在靠岸坡的一侧进行。

（2）加深方法

若溢洪道岸坡较陡，挖方量大，则可考虑加深溢洪道过水断面的方法。加深过水断面即需降低堰顶高程，在这种情况下，需增加闸门的高度，在无闸门控制的溢洪道上，降低堰顶高程将使水位降低，水库的库容相应减小，降低水库效益。因此，有些水库就考虑在加深后的溢洪道上建闸，以抬高水位，解决泄洪和增加水库效益之间的矛盾。在溢洪道上建闸，必须有专人管理，保证在汛期闸门能启闭灵活方便。

（3）改变堰型

不同堰型的流量系数不同，同种堰型的形状不同，流量系数也不一样。实用堰的流量系数一般为 0.42 ~ 0.44，宽顶堰的流量系数一般为 0.32 ~ 0.385。因此，当所需增加的泄流能力幅度不大，扩宽或增建溢洪道有困难时，可将宽顶堰改为流量系数较大的曲线形实用堰。

（4）改善闸墩和边墩形状

通过改善闸墩和边墩的头部平面形状可提高收缩系数，从而提高泄洪能力。

（5）综合方法

在实际工程中，也可采用上述两种或几种方法相结合的方法，如采用加宽和加深相结合的方法扩大溢洪道的过水断面，增大泄流能力等。

在有条件的地方，也可增设新的溢洪道。

2. 加强溢洪道的日常管理

要经常检查控制段的断面、高程是否符合设计要求。对人为封堵缩小溢洪道宽度，在进口处随意堆放弃渣，甚至做成永久性挡水埝，应及时处理，防止汛期出现险情。此外，还应注意拦鱼栅和交通桥等建筑物对溢洪道过水能力的影响，以减少闸前泥沙淤积等，从而增加溢洪道的泄洪能力。

3. 加大坝高

通过加大坝高，抬高上游水库水位，增大堰顶水头。这种措施应以满足大坝本身安全和经济合理为前提。

第四节 输水隧（涵）洞的养护修理

水库大坝的输水设施有隧洞和涵洞（管）两种类型，其在长期运行过程中容易出现衬砌裂缝漏水、气蚀、冲磨、混凝土溶蚀等破坏形式。

一、输水隧（涵）洞的日常养护

输水隧（涵）洞的日常养护工作包括以下几点：①为防止污物破坏洞口结构和堵塞取水设备，要经常清理隧（涵）洞进水口附近的漂浮物，在漂浮物较多的河流上，要在进口设置拦污栅。②寒冷地区要采取有效措施，避免洞口结构冰冻破坏；隧洞放空后，冬季在出口处应做好保温措施。③运用中尽量避免洞内出现不稳定流态，每次充、泄水过程要尽量缓慢，避免猛增突减，以免洞内出现超压、负压或水锤而引起破坏。④发现局部的衬砌裂缝、漏水等，要及时进行封堵以免扩大。⑤对放空有困难的隧（涵）洞，要加强平时的观测，判断其沿线的内水和外水压力是否正常，如发现有漏水和塌坑征兆，应研究是否放空进行检查和修理。⑥对未衬砌的隧洞，要对因冲刷引起松动的岩块和阻水的岩石及时清除并进行修理。⑦当发生异常水毁或6级以上地震后，要对隧（涵）洞进行全面检查和养护。

二、输水隧（涵）洞裂缝的处理

（一）输水隧（涵）洞裂缝破坏的主要原因

裂缝漏水是隧（涵）洞最常见的病害，它是在洞壁衬砌体中发生的各种表面的、深层的、贯通的裂缝。

1. 输水隧洞洞身衬砌裂缝破坏的常见原因

隧洞与坝下涵洞相比，工作安全可靠，其发生洞身衬砌裂缝破坏的常见原因有以下几个方面。

（1）围岩体变形作用

洞周岩石变形或不均匀沉陷，对于隧洞经过地区岩石质量较差、不利地质构造、过大的山岩压力、过高的水压力和地基不均匀沉陷均会引发围岩体变形，衬砌体将遭受过大的应力而断裂和漏水。

（2）衬砌施工质量差

建筑材料质量不佳；混凝土配料不当，振捣不实；衬砌后的加填灌浆或固结灌浆充填不密实；伸缩缝、施工缝和分缝处理不好、止水失效等，均会造成衬砌体断裂和漏水。

（3）水锤作用

即使在设有调压井的压力隧洞内，水锤作用产生高次谐振波也可以越过调压井而使隧洞内产生压力波，导致衬砌体断裂和漏水。

（4）温度变化作用

当隧洞停水后，冷风穿洞，温度降低太大时也会引发洞壁表面裂缝甚至断裂。

（5）运用管理不当

如用闸门控制进水的无压隧洞，由于操作疏忽，使工作闸门开度过大，造成洞门充满水流，形成压力，致使隧洞衬砌在内水压力作用下发生断裂。

（6）其他因素

混凝土溶蚀、钢筋锈蚀等。

2. 坝下涵洞（管）断裂破坏的常见原因

（1）地基处理不当

坝下输水涵洞修建在穿越岩石和风化岩、岩石和土基、土和砂卵石等交替地带，即使是比较均匀的软土地基，也往往由于洞上坝体填土高度不同而产生不均匀沉陷，若对不均质地基未采取有效处理措施，涵洞建成后会产生不均匀沉陷。

（2）结构处理有缺陷

在管身和竖井之间荷载突变处未设置沉降缝，引起管身断裂。

（3）结构强度不够

由于设计采用的结构尺寸偏小、钢筋配筋率不足、混凝土强度等级偏差或荷载超过原设计等原因，使涵洞本身结构强度不够，以致断裂。

（4）洞内流态异变

坝下无压输水涵洞在结构设计上不考虑承受内水压力，但由于操作不当，使洞内水流流态由无压变为明满流交替或有压流，以致在内水压力作用下，造成洞身破坏。

（5）洞身接头不牢

坝下埋管接头不牢固、分缝间距或位置不当，均会导致断裂漏水。

（6）施工质量较差

由于洞身施工质量差、管节止水处理不当等，形成洞壁漏水。

（二）输水隧（涵）洞裂缝漏水的处理方法

1. 用水泥砂浆或环氧砂浆封堵或抹面

对于隧洞衬砌和涵洞洞壁的一般裂缝漏水，可采用水泥砂浆或环氧砂浆进行处理。通常是在裂缝部位凿深 2 ~ 3cm，并将周围混凝土面用钢钎凿毛，然后用钢丝刷和毛刷清除混凝土碎渣，用清水冲洗干净，最后用水泥砂浆或环氧砂浆封堵。

2. 灌浆处理

输水隧洞和涵洞洞身断裂可采用灌浆进行处理。对于因不均匀沉陷而产生的洞身断裂，一般要等沉陷趋于稳定或加固地基，断裂不再发展时进行处理。但为了保证工程安全，可以提前灌浆处理，灌浆以后如继续断裂，再次进行灌浆。灌浆处理通常可采用水泥浆，断裂部位可用环氧砂浆封堵。

3. 隧洞的喷锚支护

输水隧洞无衬砌段的加固或衬砌损坏的补强，可采用喷射混凝土和锚杆支护的方法，简称喷锚支护。喷锚支护与现场浇筑的混凝土衬砌相比，具有与洞室围岩黏结力高、能提高围岩整体稳定性和承载能力、节约投资、加快施工进度等优点。

喷锚支护可分为喷混凝土、喷混凝土 + 锚杆联合支护、喷混凝土 + 锚杆 + 钢筋网联合支护等类型。

4. 涵洞内衬砌补强

对于范围较大的纵向裂缝、损坏严重的横向裂缝、影响结构强度的局部冲蚀破坏，均应采取加固补强措施。

对于查明原因和位置，无法进入操作时，可挖开填土，在原洞外包一层混凝土；断裂严重的地带，应拆除重建，并设置沉降缝，洞外按一定距离设置黏土截水环，以免沿洞壁渗漏。

对于采用条石或钢筋混凝土做盖板的涵洞，如果发生部分断裂，可在洞内用盖板和支撑加固。

预制混凝土涵洞接头开裂时，若能进入操作，可用环氧树脂补贴，也可以将混凝土接头处的砂浆剔除并清洗干净，用沥青麻丝或石棉水泥塞入嵌紧，内壁用水泥砂浆抹平。

对于涵洞整体强度不足且允许缩小过水断面时，可以采取以 PE 管或钢管为内膜、间隙灌浆的方法，但要注意新老管壁接合面密实可靠，新旧管接头不漏水。

5. 重建坝下涵洞

当涵洞断裂损坏严重，涵洞洞径较小，无法进人处理时，可封堵旧洞，重建新洞。重建新洞有开挖重建和顶管重建两种。开挖重建一般开挖填筑工程量较大，只适用于低坝；顶管重建不需要开挖坝体，开挖回填工程量小、工期短，但是一般只用于含砂量较少的坝体。

顶管施工目前有两种方法。

（1）导头前人工挖土法

即在预制管前端设一断面略大的钢质导头，用人工在导头前端先挖进一小段，然后在管的外端用油压千斤顶将预制管逐步顶进，每挖进一段顶进一次，直至顶到预定位置为止。每段挖进长度视坝体土质而定，紧密的黏性土可达 6m 以上，土质差的则在 0.5m 左右。

（2）挤压法

即在预制管端装设有刃口的钢导头，用油压千斤顶将预制管顶进，使钢导头切入坝体土壤，然后用割土绳或人工将挤入管内的土挖除运出，然后再次把管顶进，直至顶完为止。

三、输水隧（涵）气蚀破坏的防治

（一）气蚀的特征与成因

明流中平均流速达到 15m/s，就可能产生气蚀现象。当高速水流通过洞体体形不佳或表面不平整的边界时，水流会把不平整处的空气带走，水流会与边壁分离，造成局部压强降低或负压。当流场中局部压强下降，低于水的汽化压强值时，将会产生空化，形成空泡水流，空泡进入高压区会突然溃灭，对边壁产生巨大的冲击力。这种连续不断的冲击力和吸力造成边壁材料疲劳损伤，引起边壁材料的剥蚀破坏，称为气蚀。

气蚀现象一般发生在边界形状突变、水流流线与边界分离的部位。洞壁横断面进出口的变化、闸门槽处的凹陷、闸门的启闭、洞壁的不平整等，都会引起气蚀破坏。

对压力隧洞和涵洞，气蚀常发生在进口上唇处、门槽处、洞顶处、分岔处，出口挑流坎、反弧末端、消力墩周围，洞身施工不平整等部位。

（二）气蚀破坏的防止与修复

气蚀对输水洞的安全极其不利。防治气蚀的措施有改善边界条件、控制闸门开启度、改善掺气条件、改善过流条件、采用高强度的抗气蚀材料等。

1. 改善边界条件

当进口形状不恰当时，极易产生气蚀现象。应采用渐变的进口形状，最好做成椭圆曲线形。

2. 控制闸门开度

据观察分析发现，小开度时，闸门底部止水后易形成负压区，引起闸门沿竖直方向振动，闸门底部容易出现气蚀；大开度时，闸门后易产生明满流交替出现的现象，闸门后部形成负压区，引起闸门沿水流方向产生振动，造成闸门后部洞壁产生气蚀。所以要控制闸门开度在合适的范围内，避免不利开度和不利流态的出现。

3. 改善掺气条件

掺气能够降低或消除负压区，增加空泡中气体所占的比例。含大量空气使得空泡在溃灭时可大大减少传到边壁上的冲击力，含气水流也成了弹性可压缩体，从而减少气蚀。因此，将空气直接输入可能产生气蚀的部位，可有效地防止建筑物气蚀破坏。当水中掺气的气水比达到 7% ~ 8% 时，可以消除气蚀。1960 年美国大古力坝泄水孔应用通气减蚀取得成功后，世界上不少水利工程相继采用此法，取得良好效果。我国自 20 世纪 70 年代，先后在陕西冯家山水库溢洪隧洞、新安江水电站挑流鼻坎、石头河隧洞中使用，也取得较好的效果。

通气孔的大小关系到掺气质量，闸门开度不同，对通气量的要求也不同。通气量的计算（或验算）可采用康培尔公式：

$$Qa = 0.4Q(\frac{v}{gh} - 1)^{0.85}$$

式中，Q_a——通气量，m^3/s；Q——闸门开度为 80% 时的流量，m^3/s；v——收缩断面的平均流速，m/s；g——重力加速度，$g=9.8m/s^2$；h——收缩断面的水深，m。

通气孔或通气管的截面面积 A（m^2），可以采用公式估算：

$$A = 0.001Q\left(\frac{v}{\sqrt{gh}} - 1\right)^{0.85}$$

4. 改善过流条件

除进口顶部做成 1/4 的椭圆曲线外，中高压水头的矩形门槽可改为带错距和倒角的斜坡形门槽。出口断面可适当缩小，以提高洞内压力，避免气蚀。对于衬砌材料的质量要严格控制，使其达到设计要求。应保证衬砌表面的平整度，对凸起部分要凿除或研磨成设计要求的斜面。

5. 采用高强度的抗气蚀材料

采用高强度的抗气蚀材料，有助于消除或减缓气蚀破坏。提高洞壁材料抗水流冲击作用，在一定程度上可以消除水流冲蚀造成表面粗糙而引起的气蚀破坏。资料表明，高强度的不透水混凝土，可以承受 30m/s 的高速水流而不损坏。

护面材料的抗磨能力增加，可以消除由泥沙磨损产生的粗糙表面而引起气蚀的可能性，环氧树脂砂浆的抗磨能力，比普通混凝土及岩石的抗磨能力高约30倍。采用高标号的混凝土可以缓冲气蚀破坏甚至消除气蚀。采用钢板或不锈钢作衬砌护面，也会产生很好的效果。

四、输水隧（涵）冲磨破坏的修复

（一）冲磨的特征与成因

含沙水流经过隧洞，对隧洞衬砌的混凝土会产生冲磨破坏，尤其是对隧洞的底部产生的冲磨比较严重。冲磨破坏的程度主要与洞内水流速度，泥沙含量、粒径大小及其组成，洞壁体形和平整程度等有关。

一般来说，洞内流速越高，泥沙含量越大，洞壁体形越差，洞壁表面越不平整，洞壁冲磨破坏就越严重。特别是在洪水季节，水流挟带泥沙及杂物多，当隧洞进出口连接建筑物处理不当时，冲磨会更为严重。水流中悬移质和推移质对隧洞均有磨损，悬移质泥沙摩擦边壁，产生边壁剥离，其磨损过程比较缓慢；推移质泥沙不仅有摩擦作用，还有冲击作用，粗颗粒的冲击、碰撞破坏作用对边壁破坏尤为显著。

（二）冲磨破坏的修复

冲磨破坏修复效果的好坏主要取决于修补材料的抗冲磨强度，抗冲磨材料的选择要根据挟沙水流的流速、含沙量、含沙类型确定。常用的抗冲磨材料有以下几种：①高强度水泥砂浆。高强度的水泥砂浆是一种较好的抗冲磨材料，特别是用硬度较大的石英砂替代普通砂后，砂浆的抗冲磨强度有一定提高。水泥石英砂浆价格低廉、制作工艺简单、施工方便，是一种良好的抗悬移质冲磨的材料。②铸石板。铸石板根据原材料和加工工艺的不同有辉绿岩、玄武岩、硅锰渣铸石和微晶铸石等。铸石板具有优异的抗磨、抗气蚀性能，比石英具有更高的抗磨强度和抗悬移质切削性能。铸石板的缺点是质脆，抗冲击强度低；施工工艺要求高；粘贴不牢时，容易被冲走。例如在刘家峡溢洪道的底板和侧墙、碧口泄洪闸的出口等处所做的抗冲磨试验，铸石板均被水流冲走。因此，目前很少采用铸石板，而是将铸石粉碎成粗细骨料，利用其高抗磨蚀的优点配制成高抗冲磨混凝土。③耐磨骨料的高强度混凝土。除选用铸石外，选择耐冲磨性能好的岩石，如以石英石、铁矿石等耐磨骨料配制成高强度的混凝土或砂浆，具有很好的抗悬移质冲磨的性能。试验表明，当流速小于15m/s，平均含沙量小于 40kg/m^3，用耐磨骨料配制成强度达 C30 以上的混凝土，磨损甚微。④环氧砂浆。具有固化收缩小，与混凝土黏结力强，机械强度高，抗冲磨和抗气蚀性能好等优点。环氧砂浆抗冲磨强度约为养护 28d 抗压强度 60MPa 水泥石英砂浆的 5 倍，C30 混凝土的 20 倍，合金钢和普通钢的 20 ~ 25 倍。固化的环氧树脂抗冲磨强度并不高，但由于其黏结力极强，含沙水流要剥离环氧砂浆中的耐磨沙砾相当困难，因此使用耐磨骨料配制成的环氧砂浆，其抗冲磨性能相当优越。⑤聚合物水泥砂浆。聚合物水泥砂浆是通过向水泥砂浆中掺加聚合物乳液改性而制成的有机—无机复合材料。聚合物既提高了水泥砂浆的密实性、黏结性，又降低了水泥砂浆的脆性，是一种比较理想的薄层修补材料，其耐蚀性能也比掺加前有明显提高，可用于中等抗冲磨气蚀要求的混凝土的破坏修补。常用的聚合物砂浆有丙乳（PAE）砂浆和氯丁胶乳（CR）砂浆。⑥钢板。具有很高的强度和抗冲击韧性，抗推移质冲磨性能好。在石棉冲砂闸、鱼子溪一级冲砂闸等工程中使用，抗冲效果良好。钢板厚度一般为 12 ~ 20mm，与插入混凝土中的锚筋焊接。

参考文献

[1] 邓中俊，杨玉波，赵文波，等．水工建筑物检测与诊断技术及应用 [M]. 北京：中国水利水电出版社，2019.

[2] 段庭森．水利工程输水隧洞及渠系建筑物测量放样 [J]. 大众标准化，2023，（13）：43-45.

[3] 樊志德．新时期水利工程运行管理标准化建设对策研究 [J]. 水上安全，2024，（21）：19-21.

[4] 高旭梅．浅析渠道工程的管理养护 [J]. 珠江水运，2014，（03）：80-81.

[5] 姜枫．水利工程管理及养护问题探讨 [J]. 治淮，2024，（01）：55-56.

[6] 林天．水电站防雷设计方案仿真与防护措施研究 [D]. 南京：南京邮电大学，2021.

[7] 林小丽．浅谈电力变压器在运行时巡检及故障处理的方法 [J]. 建材与装饰，2017，（25）：211-212.

[8] 刘洪军．小型农田水利工程运维管理问题及对策分析 [J]. 内蒙古水利，2024，（09）：102-103.

[9] 刘鑫．水利工程水资源供水调度与生态效应研究分析 [J]. 陕西水利，2024，（10）：51-53+57.

[10] 刘扬扬．水利工程建设及其运行管理的综合研究 [J]. 企业改革与管理，2014，（08）：23

[11] 刘贞姬，金瑾，龚萍．现代水利工程治理研究 [M]. 北京：中国原子能出版社，2019.

[12] 罗长发，张才伟，张鑫，等．电气设备在变电运行中的监控及异常诊断探究 [J]. 中国设备工程，2024，（03）：168-170.

[13] 潘应江．水轮发电机组运行与维护要点探索 [J]. 企业技术开发，2018，37（12）：98-99.

[14] 沈华雨．电站电气设备故障预防与状态监测技术研究 [J]. 自动化应用，2024，65（S2）：53-55.

[15] 谭博元．水轮发电机组运行振动的故障分析与处理 [J]. 东北水利水电，

2024，42（03）：69-70.

[16] 王琦，牟小雨．巨型水轮发电机组安全稳定运行管理要点简析 [J]. 机电信息，2020，（23）：54-55.

[17] 王琦．浅析引大灌区工程现状及运行管理措施 [J]. 吉林农业，2019，（12）：58

[18] 王胜利，张娜娜．浅谈水利工程灌溉与排水管理 [J]. 中国高新技术企业，2015，（15）：125-126.

[19] 王思泽．变压器故障智能诊断及预警系统的研究 [D]. 淮南：安徽理工大学，2024.

[20] 王小刚．变压器投运前的检查和运行中的巡视 [J]. 农村电工，2015，23（08）：36-37.

[21] 王秀琴，郭晓冬，侯君．灌溉渠道常见问题与养护维修措施 [J]. 河南水利与南水北调，2024，53（09）：64-65.

[22] 王煜程．输电线路的工程管理技术分析 [J]. 电子技术，2023，52（09）：172-173.

[23] 杨健，翟新军，胥勇，等．储能电站直流系统故障与保护分析 [J]. 中国战略新兴产业，2022，（12）：149-151.

[24] 叶昱媛．高压断路器的故障机理分析与寿命评估 [D]. 南京：东南大学，2019.

[25] 于哲，黄磊．电气设备运行维护特点与管理措施探讨 [J]. 中国设备工程，2024，（17）：80-82.

[26] 张效贤，王志会．水轮发电机组调试及试运行浅议 [J]. 中国设备工程，2017，（19）：98-99+102.

[27] 张志军．农田水利灌溉渠道维护与管理策略 [J]. 河南农业，2024，（24）：69-71.

[28] 仉云燕．35kV 主变压器投运差动保护动作原因分析 [J]. 电子制作，2020，（02）：97-98+48.

[29] 赵小伟，李永坤，杨忠山，等．超大型城市洪涝演变规律与调度模式分析 [J]. 水文，2022，42（03）：1-7+13.

[30] 赵彦琳，张宇峰．山丘区节水灌溉现状及发展模式 [J]. 智慧农业导刊，2022，2（16）：69-71.